“十二五”国家重点图书出版规划项目

CHINA WETLANDS RESOURCES
Chongqing Volume

中国湿地资源

重庆卷

◎ 国家林业局组织编写

中国林業出版社

图书在版编目（CIP）数据

中国湿地资源·重庆卷／国家林业局组织编写；张洪分册主编．－北京：中国林业出版社，2015.12

“十二五”国家重点图书出版规划项目

ISBN 978-7-5038-8283-8

Ⅰ.①中… Ⅱ.①国… ②张… Ⅲ.①湿地资源－研究－重庆市 Ⅳ.① P942.078

中国版本图书馆 CIP 数据核字（2015）第 296581 号

总 策 划： 金 旻

策划编辑： 徐小英

主要编辑： 徐小英 刘香瑞 李 伟 何 鹏 于界芬

美术编辑： 赵 芳

出版发行 中国林业出版社（100009 北京西城区刘海胡同 7 号）
http://lycb.forestry.gov.cn
E-mail:forestbook@163.com 电话：(010)83143515、83143543

设计制作 北京天放自动化技术开发公司
北京捷艺轩彩印制版有限公司

印刷装订 北京中科印刷有限公司

版 次 2015 年 12 月第 1 版

印 次 2015 年 12 月第 1 次

开 本 787mm × 1092mm 1/16

字 数 294 千字

印 张 11.5

定 价 90.00 元

中国湿地资源系列图书
编撰工作领导小组

顾　问： 陈宜瑜　李文华　刘兴土

组　长： 张永利

副组长： 马广仁

成　员：（按姓氏笔画排序）

王文宇　王忠武　王海洋　韦纯良　邓乃平　邓三龙
兰宏良　刘建武　刘艳玲　刘新池　李　兴　李三原
李永林　来景刚　吴　亚　张宗启　陆月星　陈则生
陈传进　陈俊光　林云举　呼　群　金　旻　金小麒
周光辉　降　初　孟　沙　侯新华　夏春胜　党晓勇
徐济德　奚克路　阎钢军　程中才　雷桂龙　蔡炳华
樊　辉

中国湿地资源系列图书
编撰工作领导小组办公室

主　任： 马广仁

副主任： 鲍达明　唐小平　熊智平　马洪兵

成　员： 王福田　姬文元　刘　平　闫宏伟　李　忠　田亚玲
王志臣　张阳武　但新球　刘世好　王　侠　徐小英

《中国湿地资源·重庆卷》
编辑委员会

《中国湿地资源·重庆卷》
编写组

主　　编： 张　洪

副 主 编： 夏一平　姜　明

编 著 者： 何义成　李清艳　李升莲　滕秀荣　陈绪明　彭期元

主　　审： 胥执清　姜　明

地图绘制： 彭期元　周　洪

插图编绘： 滕秀荣　陈绪明　李清艳

图片摄影： 江　上　刘洪兵　李益凤　李代良　王永川　王世君等

总 序

湿地是地球表层系统的重要组成部分，是自然界最具生产力的生态系统和人类文明的发祥地之一。在联合国环境规划署（UNEP）委托世界自然保护联盟（IUCN）编制的《世界自然资源保护大纲》中，湿地与森林和海洋一起并称为全球三大生态系统。湿地具有类型多样、分布广泛的特点；湿地更重要的是还具有多种供给、调节、支持与文化服务功能，是人类重要的生存环境和资源资本。湿地与人类生产生活和社会经济发展息息相关。湿地的重要性受到世界各国和国际社会的普遍关注。早在1971年，国际社会就建立了全球第一个政府间多边环境公约，即《关于特别是作为水禽栖息地的国际重要湿地公约》（简称《湿地公约》）。同时，该公约也是全球最早针对单一生态系统保护的国际公约。1992年中国加入《湿地公约》，自此我国湿地保护事业进入了新的发展时期。

我国加入《湿地公约》后，在国家林业局设立了专门的湿地保护和履约机构，对内负责组织、协调、指导和监督全国湿地保护工作，对外负责《湿地公约》的履约工作。近年来，中国各级政府在湿地保护方面开展了大量卓有成效的工作，采取了一系列保护和合理利用湿地资源的措施，在湿地保护规划和重点工程建设、财政补贴政策制定实施、法规制度建设、保护体系建设、科研监测、宣传教育和国际合作等方面取得了长足进步。但我国湿地生态系统仍然面临着盲目围垦与改造、污染、水土流失、泥沙淤积、生物资源过度利用等多种因素的破坏和威胁，导致面积减少，生态功能下降，生物多样性丧失。因此，切实保护和合理利用湿地资源，既是保障生态安全和国土安全的当务之急，更是中国实施可持续发展战略势在必行的要务。

开展湿地资源调查，摸清湿地资源家底，把握湿地资源动态，是所有湿地保护工作的基础，也是履行《湿地公约》各项工作的根基。2009～2013年，在中央财政的支持下，国家林业局组织开展了第二次全国湿地资源调查工作。在此期间，我有幸作为第二次全国湿地资源调查专家技术委员会的主任委员，和其他专家一起全程参与了此次湿地资源调查的主要技术环节和成果鉴定。

我认为此次调查具有以下几个特点：一是，此次调查的湿地分类、界定标准、调查方法基本与《湿地公约》规定相接轨，使得调查数据符合《湿地公约》的要求，调查成果易于被国际认可，便于国际间的对比和交流。二是，制定了内容全面、方法科学、符合国际标准的统一技术规程《全国湿地资源调查技术规程（试行）》，进行了同标准、同口径的分期分批调查。三是，本次调查利用“3S”技术与现地验证相结合的技术方法，查清了全国范围内（未包括香港、澳门、台湾）8 公顷以上的湿地资源基本情况。四是，湿地调查分为一般调查和重点调查。重点调查包括，国际重要湿地、国家重要湿地、自然保护区（含自然保护小区）和湿地公园内的湿地以及其他特有、分布濒危物种和红树林等具有特殊保护价值的湿地。五是，组织保障有力。国家层面上，成立了第二次全国湿地资源调查领导小组、专家技术委员会、中央技术支撑单位和国家质量检查组；省级层面上，分别成立了湿地调查专职机构，组建了省级专业调查队伍。

需要指出的是，第二次全国湿地资源调查期间，我国湿地保护事业发展迅速。2009 年，中央启动了“湿地生态效益补偿试点”工作；2010 年开始，中央财政设立了湿地保护补助专项资金；2012 年，党的十八大将建设生态文明纳入中国特色社会主义事业“五位一体”总体布局，提出要“扩大森林、湖泊、湿地面积，保护生物多样性”。期间，国家林业局会同相关部门认真实施了《全国湿地保护工程实施规划 (2005 ～ 2010 年)》和《全国湿地保护工程“十二五”实施规划》。2013 年，国家林业局出台的《推进生态文明建设规划纲要》划定了湿地保护红线，到 2020 年中国湿地面积不少于 8 亿亩。2013 年，国家林业局出台了第一部国家层面的湿地保护部门规章《湿地保护管理规定》。应该说，历时 5 年的湿地资源调查与同期湿地保护事业的发展，是休戚相关，相互促进的。

第二次全国湿地资源调查取得了丰硕成果。在全球范围内，我国率先完成了《湿地公约》倡导的国家湿地资源调查，首次科学、系统地查明了《湿地公约》所定义的我国湿地资源情况。建立了完整的全国湿地资源空间数据库和属性数据库，掌握了近 10 年来湿地资源动态变化情况，建立了稳定的湿地资源调查专业队伍和专家团队，形成了较为完整的湿地资源调查监测技术规范，完成了全国湿地资源总报告、分省报告和多个专题报告，编制了系列成果图。调查成果达到国际先进水平。

党的十八大对建设生态文明作出了全面部署，强调把生态文明建设放在突出地位，融入经济建设、政治建设、文化建设、社会建设各方面和全过程。在全国第二次湿地资源调查成果的基础上，系统编著形成了中国湿地资源系列图书，为新时期我国湿地保护事业奠定了坚实基础。希望本系列图书能够为我国湿地工作者在开展湿地研究、保护与合理利用工作时提供参考和借鉴。

中国科学院院士 陈宜瑜

2015 年 9 月

前 言

自然造化，鬼斧神工，青山巍峨壮丽，湿地涟漪柔美。

水是生命之源，湿地为地球之肾，作为地球三大生态系统之一的湿地生态系统维系着万千生命的生存与繁衍。

湿地不但为全市经济社会发展提供丰富的水资源、食物和原材料，而且在航运、蓄洪防旱、旅游与休闲等方面的经济辅助功能也越来越显著，维护生物多样性的生态作用越来越明显。

长期以来，社会大众对湿地的重要性认识不足，开发过度、保护不力，造成了湿地生态系统失衡，生态环境恶化的严峻现实。

党中央提出了建设生态文明的战略任务，严格保护湿地，合理利用湿地成为生态文明建设的重要内容。

重庆，是一个有着三千年文化积淀的直辖市，有着丰富而得天独厚的湿地资源。放眼巴渝大地，江河纵横，湿地棋布。丰富的湿地资源，是大自然慷慨赐予历史上生活在这片土地上的先民们生息繁衍的巨大财富，而如今为推动全市经济社会发展发挥着越来越重要的作用。

近年来，随着湿地资源保护与恢复力度加大，经济社会迅速发展，加之距离我市第一次湿地资源调查已有 10 余年时间，湿地资源发生了较大变化，旧数据已不再符合实际，无法满足当前社会发展的需要。为了全面准确掌握重庆市湿地资源现状及其动态变化趋势，加强全市湿地资源保护，促进湿地生态系统平衡，巩固湿地资源保护与恢复成果，持续推进我市生态文明建设，再次全面开展湿地资源保护利用现状调查，更新湿地资源数据，进一步摸清家底显得刻不容缓。

为此，秉着与时俱进、服务发展的思想，2010 年，按照国家林业局的统一部署，重庆市林业局组织在全市范围开展了湿地资源调查工作。为扎实开展好此项工作，专门成立了重庆市湿地资源调查工作领导小组、领导小组办公室、专家技术委员会，下发了《关于开展湿地资源调查工作的通知》，编制了《重庆市湿地资源调查工作方案》和《重庆市湿地资源调查实施细则》，多次召开协调会并举办了湿地资源调查技术培训班。同时，湿地资源调查工作也得到了各区（县）林业局及相关部门的大力支持，在各区（县）均成立了领导小组，组建了调查队伍，奠定了开展工作的良好基础。

各区（县）湿地资源调查工作原则上由各区（县）林业局组织专业调查队伍，完成本辖区内湿地资源的一般调查，重庆市林业规划设计院负责重点调查、技术指导、质量检查和成果资料编制工作，西南大学生命科学学院负责湿地动植物资源调查，国家林业局中南林业调查规划设计院负责遥感卫片数据处理、湿地调查斑块区划、湿地调查技术指导工作，重庆市湿地保护管理中心负责组织协调、管理、督查指导调查工作。

为加强调查质量管理，严格工作程序和技术要求，确保调查成果的质量，各区（县）林业局还成立了督查组，对调查全过程进行了监督检查，做到了发现问题并及时整改。市林业规划设计院成立了技术指导组和质量检查组，对各区（县）进行技术指导和质量抽查。

本次调查的范围是重庆市行政区域内所有面积为 8 公顷（含 8 公顷）以上的湖泊湿地、沼泽湿地、人工湿地以及宽度 10 米以上，长度 5 公里以上的河流湿地和其他具有特殊重要意义的湿地。采用了以遥感技术为主、地理信息系统技术和全球定位系统为辅的“3S”技术，通过遥感解译获取湿地型、面积、分布、平均海拔、植被类型及其面积、所属流域等信息，借助 GPS 进行地面验证和辅助定位，通过野外调查、现地访问和收集最新资料获取水源补给状况、主要优势植物种、土地所有权、保护管理状况等数据。

调查结果显示，重庆市现有湿地 207151 公顷，占全市国土面积 2.52%，其中自然湿地 87503.81 公顷，占湿地总面积 42.30%；人工湿地 119535.74 公顷，占湿地总面积 57.70%。自然湿地中，河流湿地 87289.76 公顷，湖泊湿地 263.49 万公顷，沼泽湿地 62.01 公顷；人工湿地中，库塘湿地 117869.45 公顷，运河 / 输水河 995.67 公顷，水产养殖场 670.62 公顷。呈现出了重庆市湿地类型多样、空间分布不均、人工湿地面积大、湿地生物多样性丰富等特点。同时，也进一步显示出湿地的生态地位的重要性。三峡水库反季节蓄水所形成的独特消落区湿地，事关三峡工程的安全运行及库区的生态安全。

调查结果还显示，由于重庆市湿地水源补给以大气降水和地表径流为主，湿地的管理保护和开发利用起步较晚，湿地仍存在受干扰强度大，利用率较低等问题。湿地主要受到城市化建设、泥沙淤积、工业与生活污染、过度捕捞和采集、非法狩猎、盐碱化、外来物种入侵等方面的威胁以及水利工程和引排水的负面影响。

为了湿地的永续利用，应充分利用湿地资源调查成果，加强宣传教育，提高全社会湿地保护意识，加强湿地保护法规建设，科学规划湿地保护与开发，建立完善的湿地自然保护和监测体系，强化湿地保护管理科技支撑。同时，还应建立健全各级湿地保护管理机构，建立湿地保护管理跨流域和跨行政区域协作、协调机制，建立湿地保护与可持续发展机制，拓宽资金投入渠道，加大对湿地保护、管理与合理开发的投入。

保护湿地，我们责无旁贷！保护湿地，需要全社会共同努力！

《中国湿地资源 · 重庆卷》编辑委员会

2014 年 8 月 28 日

目　录

第一章 基本情况

第一节 自然概况

1 地理位置

重庆市地处我国西南，东邻湖北、湖南，南靠贵州，西接四川，北连陕西，是长江上游最大的经济中心、西南工商业重镇和水陆交通枢纽。地理坐标为东经 105°11′~110°11′、北纬 28°10′~32°13′，属于青藏高原与长江中下游平原的过渡地带，幅员面积 8.24 万平方公里，南北长 450 公里，东西宽 470 公里。

2 地质地貌

2.1 地　层

重庆市地跨扬子准地台和秦岭地槽两大构造单元，经中元古代至第四纪各阶段的造山运动及沉积演化，形成了现今的地质构造格局。根据岩石地层分布、岩石组合、岩浆作用、变质作用等方面具有的不同特征，可划分出 2 个Ⅰ级地层构造区，5 个Ⅱ级地层分区及 8 个Ⅲ级地层小区。

华蓥山以西的渝西地区，基底埋深在 6 公里以上，地表以侏罗系红层广泛发育为特征，晚三叠世发育灰色复陆屑建造，盖层褶皱多为穹窿、短轴斜和鼻状构造。

华蓥山与七曜山之间的广大地区，主要出露中生代的三叠系和侏罗系，南部边缘有白垩系。据航拍资料，其褶皱基底由青白口系板溪群变质砂岩、板岩组成。该区北部(城口、巫溪区域)南华系为冰水、冰碛、水筏复陆屑沉积建造；震旦系至中三叠世主要为海相台地型构造序列；晚三叠世以来发育大型陆相盆地沉积，无岩浆岩出露。青白口系、南华系遭受过浅变质作用。该区褶皱为狭长的背斜与宽缓的向斜组成的隔挡式褶皱。构造线以北—北东为主，但受基底断裂以及盆地边缘构造的制约，常产生联合、复合，形成弧形或似帚状构造。

七曜山以东的渝东南地区，下古生界发育齐全、化石丰富。板溪群仅于秀山一带出露，为一套砂泥质冒地槽建造夹少量凝灰岩及结晶灰岩。南华系为冰期—间冰期砂泥构造；震旦系至中三叠世主要为海相台地型建造序列；晚三叠世以来的陆相盆地沉积较为零星，并见有少量的上白垩统山间盆地磨拉石建造。该区为一系列北—北东向褶皱群呈有规律的带状分布，构成城垛式褶皱和隔槽式褶皱。已知的地表和地下大型断层多倾向南东，褶皱构造在一定深度减弱。该区正断层较为发育，规模大，长者达数十公里。

渝、陕交界的大巴山地区属秦岭地层区(槽区)，以青白口系龙潭河组非稳定一次稳定型碱性、弱碱性火山复陆屑—火山磨拉石建造组成褶皱基底；南华系为含火山碎屑的复陆屑沉积建造；震旦系至寒武系，以冒地槽型沉积为主。该区普遍遭受了区域低温动力浅变质作用，在岩浆侵入带和断裂构造带中发生有接触变质和动力变质作用。该区和主褶皱带，是被引张断裂分割的条块状地堑、地垒相间的区域性沉陷带，构造地貌则相当于被边缘断裂切割的大陆斜坡。

2.2 地貌类型

重庆市地处四川盆地东部，东与秦巴山地、武陵山地相连，向西逐渐向川中丘陵过渡。地貌在宏观格局上可分为四大单元：即西部为四川盆地边缘的丘陵地貌，中部为平行岭谷低山丘陵地貌，东北部为大巴山中山地貌，东南部为大娄山、七曜山中山地貌。总的地势为北东及南东高，中西部低。全市最高峰为巫溪县东缘于巫山县北缘交界处的阴条岭，海拔2797米。最低点位于巫山县境内的长江水面，海拔154.5米(三峡水库蓄水前)。区内水系较发育，以长江及其主要支流嘉陵江、乌江为主干河流。长江两岸次级河溪发育，主要有大宁河、梅溪河、小江、磨刀溪等。其次级河流呈树枝状分布，汇入主干河流。主干河流呈南北向汇入长江。长江自南西部江津区入境，往东北流至巫山县境，市内河段长686公里。

重庆市地貌格局，严格受大地构造控制，背斜成山，向斜成谷。西部以华蓥山断裂以西的部分为盆中丘陵，海拔200~500米之间，由近于水平的侏罗系红色砂岩、泥岩、页岩经流水长期作用切割而成方山丘陵和部分低山。地表丘陵起伏，沟谷纵横，涪江、渠江、嘉陵江等蜿蜒曲折，嵌入红色砂岩层，以深切曲流的形式向南流入长江。

华蓥山以东为平行岭谷区，地貌发育明显受地质构造控制，为在一系列走向北东的条形背斜、向斜相间排列的梳状构造和隔挡式构造基础上形成的构造地貌。背斜山顶经剥蚀出露碳酸盐岩层之处，多发育为条形槽谷，表现为“一山二岭一槽”或“一山三岭二槽”式地貌形态特征，成为地表喀斯特的一种独特地貌类型。

东部为盆周山地，东北部为大巴山南缘，海拔为1500~2500米。在大地构造上为秦岭地槽与上扬子地台的过渡区，沉积地层较厚，除泥盆系、石炭系缺失外，其他地质时期的地层都有分布。主要岩性有砂岩、泥岩、碳酸盐岩、岩浆岩、变质岩。山区气候湿润，流水侵蚀、剥蚀成为地貌形成的主导外动力。在二叠系和三叠系碳酸盐岩岩层分布区，地表和地下喀斯特地貌很发育。

东南部为巫山、七曜山、大娄山等山脉，海拔多为1000~2000米，其中以金佛山为最高，主峰海拔2238米。这一弧形山地分布有震旦系、寒武系、二叠系和三叠系碳酸盐岩及砂岩、泥岩和板岩，由于新构造运动抬升的间歇性，层状地貌明显，有四级山原面及山顶平坦面。在该区以喀斯特地貌为主，其间分布有流水侵蚀形成的低山和丘陵。本区广泛出露的碳酸盐岩，质地纯，裂隙发育，加之水热条件适宜，有利于喀斯特作用，峰林、峰丛、残丘、洼地、槽谷、落水洞、溶洞等都很发育。秀山县与酉阳县龙潭镇、南川区南平镇与万盛区等地，都是喀斯特地貌的主要分布区。向东，长江横切鄂西山地，形成著名的长江三峡。

3　土　壤

重庆市属中亚热带四川东北部盆地山地黄壤区。由于地质地貌构成和生物、气候因素的综合作用，形成的土类、土属、土种较多。土壤类型主要有：紫色土是重庆市分布面积最广的土类，面积为273.73万公顷，占全市土地面积的33.22%；黄壤是重庆市重要的土壤资源，其面积为237.18万公顷，占土地总面积的28.78%；水稻土面积为125.80万公顷，占全市土地面积的15.27%；石灰(岩)土面积为96.32万公顷，占全市土地面积的11.69%；黄棕壤面积为65.11万公顷，占全市土地面积的7.90%；棕壤面积为11.69万公顷，占全市土地面积的1.42%；黄褐土面积为8.15万公顷，占全市土地面积的0.99%；红壤面积为2.02万公顷，占全市土地总面积的0.24%；粗骨土面积为1.60万公顷，占全市土地面积的0.19%；新积土面积为1.29万公顷，占全市土地面积的0.16%；山地草甸土面积为1.16万公顷，占全市土地面积的0.14%(表1-1)。

表1-1　重庆市各土壤类型面积表

土　类	面积(公顷)	比例(%)	土　类	面积(公顷)	比例(%)
紫色土	2737346.10	33.22	黄壤	2371750.39	28.78
水稻土	1257963.74	15.27	石灰(岩)土	963234.74	11.69
黄棕壤	651081.20	7.90	棕壤	116871.63	1.42
黄褐土	81491.40	0.99	红壤	20186.92	0.24
粗骨土	15937.04	0.19	新积土	12855.88	0.16
山地草甸土	11580.92	0.14	合　计	8240299.96	100

4　气　候

重庆市属中亚热带湿润季风气候类型区，重庆市的主要气候特点可以概括为：冬暖春早，夏热秋凉，四季分明，无霜期长；空气湿润，降水丰沛；太阳辐射弱，日照时间短；多云雾，少霜雪；光温水同季，立体气候显著，气候资源丰富，气象灾难频繁。重庆市年平均气温16~18℃，长江河谷的巴南、綦江、云阳等地达18.5℃以上，东南部的黔江、酉阳等地14~16℃，东北部海拔较高的城口仅13.7℃，最热月平均气温26~29℃，最冷月平均气温4~8℃，采用候温法可以明显地划分四季。重庆市年平均降水量较丰富，大部分地区在1000~1350毫米，降水多集中在5~9月，占全年总降水量的70%左右。重庆市年平均相对湿度多在70%~80%，在全国属高湿区。年日照时数1000~1400小时，日照百分率仅为25%~35%，为全国年日照最少的地区之一，冬、春季日照更少，仅占全年的35%左右。

5　水　文

重庆市江河纵横，境内水资源十分丰富，长江自西南向东北横贯市境，600余公里的长江干流汇集了嘉陵江、渠江、涪江、乌江、大宁河等五大支流及上百条小河流，流域面积大于3000平方公里的河流主要有长江干流、支流嘉陵江、乌江、涪江、大宁河等，流域面积大于1000平方公里的河流有40条，流域面积大于100平方公里的河流207条，其中过境河流31条。2009年全市水资源总量455.91亿立方米，水库2766座，其中，大型水库有狮子滩水库、大洪湖水库、石板水库、藤子沟水库、江口水库和大河口水库6座；中型有南彭水库、下涧口水库、胜天水库、海底沟水库、金堂水库、同心水库等60座(2009年)。重庆水热丰沛，大气降水补给渗入地下，通过断裂岩层吸取深部岩浆热源，地热蒸温形成高温地下水，有着丰富的温泉资源，仅市区内温泉可开采量为5.6亿立方米/年，日均可开采量为153.3万立方米，有北温泉、南温泉、西泉、统景温泉等各具特色的温泉。

6 动植物概况

重庆市位于北半球副热带内陆地区，地处四川盆地东南部边缘山地和长江流域上游，属亚热带季风性湿润气候。境内地形繁杂，西半部主要是山地和高原，东半部产要是平原和丘陵地带。夏热冬冷，雨量充分。境内多为农耕地域，植被类型以偏湿性亚热带低山常绿阔叶林以及次生性暖性针叶林、落叶阔叶林、竹林和灌草丛为主，具有人为干扰较大的特点。重庆湿地在中国动物地理区划中隶属东洋界华中区的西部山地高原亚区。本区与周边的华北区、华南区和西南区没有明显的自然屏障，南北动物类型相混杂和过渡现象较明显，成为本区动物区系的重要特点。

6.1 植物概况

重庆市处于我国东西及南北植物区系交错渗透的地带，同时该地区大部处于我国三大植物自然分布中心之一的“鄂西川东植物分布中心”，且第四纪冰川时期本地区所受侵袭程度较轻微，加之本地区地形复杂而变化多样，适宜于众多野生植物的发育和繁衍，因此，本地区植物种类丰富。据不完全统计，重庆市现已查明有高等植物6433种，其中维管束植物有6029种，列入《中国植物红皮书》和《国家重点保护野生植物名录》的国家保护植物有133种，其中国家Ⅰ级保护植物5种，占全国同类植物的62.5%；国家Ⅱ级保护植物22种，国家Ⅲ级保护植物25种。

本次湿地资源调查共记录有湿地植物707种，隶属128科368属。其中苔藓植物42种，隶属于23科29属；蕨类植物65种，隶属于20科33属；裸子植物3种，隶属于1科3属；被子植物597种，隶属于84科303属。国家重点保护野生湿地植物共有4种。

6.2 动物概况

重庆市地形复杂，差异显著，具有丰富的生态环境多样性，是野生动物的良好栖息地。据现有文献资料显示，重庆市已知有高等动物2685种。其中，脊椎动物有哺乳动物146种、鸟类432种、爬行类61种、两栖类动物54种、鱼类173种。根据相关文献统计，初步确定重庆市有(或曾经有)自然分布的国家重点保护野生动物92种，其中国家Ⅰ级保护野生动物19种。

(1)鱼类：全市共有鱼类173种，约占全国鱼类总数4621种的3.73%，隶属于9目20科。全市有国家级保护鱼类4种，其中国家Ⅰ级保护动物有3种，为中华鲟、达氏鲟、白鲟；有国家Ⅱ保护鱼类1种，即胭脂鱼。

(2)两栖类：重庆市共有两栖动物54种，分属有尾目和无尾目2目，共有10科，有国家Ⅱ级保护种类1种，即大鲵。

(3)爬行类：全市共有已知爬行动物61种，隶属于2目12科。

(4)鸟类：全市已知有鸟类16目53科432种，约占全国鸟类种数的1/3。其中有国家Ⅰ级保护动物6种，分别为玉带海雕、金雕、白肩雕、胡兀鹫、黑鹳和中华秋沙鸭；有国家Ⅱ级保护鸟类49种，如大天鹅、小天鹅、鸳鸯、角䴙䴘、赤颈䴙䴘、白腹锦鸡、白鹇、红腹角雉、白冠长尾雉、红腹锦鸡、白腹隼雕、秃鹫、大𫛭、普通𫛭、灰脸𫛭鹰、鹊鹞、乌灰鹞、白尾鹞、白头鹞、白腹鹞、黑冠鹃隼、日本松雀鹰、灰背隼、红脚隼、凤头鹰、猎隼、凤头蜂鹰、赤腹鹰、燕隼、雀鹰、游隼、松雀鹰、苍鹰、雀鹰、红隼、黑耳鸢、纵纹腹小鸮、红角鸮、黄腿渔鸮、短耳鸮、领鸺鹠、草鸮、灰林鸮、长耳鸮、雕鸮、鹰鸮、领角鸮、斑头鸺鹠等。

(5)哺乳类：全市有哺乳类146种，隶属于8目32科。其中有国家Ⅰ级保护动物6种，如金钱豹、金猫、云豹、黑叶猴等；国家Ⅱ级保护动物14种，如藏酋猴、大灵猫、小灵猫、水獭、青鼬、水鹿、鬣羚、斑羚等。

本次湿地资源调查显示，重庆市湿地脊椎动物有563种，隶属于5纲36目118科340属。其中鸟类共有256种，隶属于16目53科，占重庆市鸟类的59.26%，属于国家重点保护鸟类有24种，全部为国家Ⅱ级保护种类；鱼类共有159种，隶属于8目19科，占重庆市鱼类的91.91%，属于国家Ⅰ级保护鱼类有3种，属于国家Ⅱ级保护鱼类1种；两栖动物分属有尾目和无尾目，共10科39种，占全市所有两栖类种数的72.22%，仅大鲵1种为国家Ⅱ级保护种类；爬行类隶属于2目11科33种，占全市爬行动物种数的54.1%；哺乳类动物有8目25科76种，其中有国家Ⅰ级保护动物1种，有国家Ⅱ级保护动物8种。

第二节 社会经济状况

1　行政区划、人口、民族

重庆市幅员面积8.24万平方公里，全市共辖19个区：万州区、涪陵区、渝中区、大渡口区、江北区、沙坪坝区、九龙坡区、南岸区、北碚区、万盛区、双桥区、渝北区、巴南区、黔江区、长寿区、江津区、合川区、永川区、南川区；21个县(自治县)：綦江县、潼南县、铜梁县、大足县、荣昌县、璧山县、开县、忠县、梁平县、云阳县、奉节县、巫山县、巫溪县、城口县、垫江县、武隆县、丰都县、石柱土家族自治县、彭水苗族土家族自治县、酉阳土家族苗族自治县、秀山土家族苗族自治县(2009年)。据2010年重庆市统计年鉴，2009年年底重庆市总人口数为3275.61万人，常住人口2859.00万人。总人口中男性1697.69万人，女性1577.92万人；农业人口2326.92万人，非农业人口948.69万人(表1-2)；人口自然增长率为4.5‰。重庆市人口以汉族为主，占全市的93.5%；少数民族人口共有197.36万人，占全市的6.5%。少数民族中土家族人口最多，其次是苗族。

表1-2 重庆各区县2009年末人口统计表(2010年重庆统计年鉴)

区、县(自治县)	年末总人口(万人)			常住人口(万人)		城镇化率(%)
	数 量	其中：非农业人口	其中：女性	数 量	其中：城镇人口	
合 计	3275.61	948.69	1577.92	2859.00	1474.92	51.6
渝中区	58.50	58.50	29.40	71.84	71.84	100.0
大渡口区	23.27	18.93	11.68	27.72	27.72	100.0
江北区	53.54	47.26	26.56	69.62	69.62	100.0
沙坪坝区	76.70	59.33	38.06	91.42	91.42	100.0
九龙坡区	80.62	59.97	39.94	100.82	100.82	100.0
南岸区	58.37	48.95	29.05	71.52	71.52	100.0
北碚区	63.58	31.24	31.52	73.14	53.76	73.5
渝北区	98.48	48.40	48.50	97.62	67.43	69.1
巴南区	87.50	29.85	42.38	90.79	64.82	71.4
万盛区	26.90	13.46	13.42	25.57	18.52	72.4
双桥区	5.01	3.11	2.46	4.79	4.52	94.4
涪陵区	114.51	35.18	55.87	103.17	57.51	55.7
长寿区	90.10	22.67	44.00	76.80	38.82	50.6
江津区	149.16	41.33	71.58	127.94	71.17	55.6
合川区	154.27	34.27	74.00	128.54	67.64	52.6
永川区	110.34	30.39	53.43	93.42	52.72	56.4
南川区	66.42	12.42	32.37	55.09	25.74	46.7
綦江县	94.65	23.19	45.73	84.31	33.04	39.2
潼南县	93.28	12.43	43.93	71.87	21.89	30.5
铜梁县	82.73	15.62	39.68	62.96	24.03	38.2
大足县	95.66	19.06	45.16	77.04	27.80	36.1
荣昌县	83.33	19.54	40.56	65.89	25.15	38.2
璧山县	62.52	16.37	30.49	53.38	21.33	40.0
万州区	172.82	54.60	84.27	154.22	81.51	52.9
梁平县	91.08	13.09	43.38	71.57	23.89	33.4
城口县	24.37	3.16	11.33	18.87	4.14	21.9
丰都县	82.42	16.12	39.48	64.17	19.32	30.1
垫江县	94.22	14.90	45.03	72.27	23.28	32.2
忠 县	100.39	16.92	48.10	74.27	22.58	30.4
开 县	161.57	22.34	76.32	115.48	38.80	33.6

（续）

区、县(自治县)	年末总人口(万人)			常住人口(万人)		城镇化率(%)
	数　量	其中：非农业人口	其中：女性	数　量	其中：城镇人口	
云阳县	134.21	19.78	63.76	101.36	30.36	30.0
奉节县	106.15	15.28	50.21	85.47	25.45	29.8
巫山县	62.97	10.60	29.85	49.78	13.51	27.1
巫溪县	53.64	6.85	25.38	43.93	9.51	21.7
黔江区	52.68	11.72	24.82	43.86	15.03	34.3
武隆县	41.08	6.72	19.45	34.53	10.90	31.6
石柱土家族自治县	53.92	9.44	26.06	43.11	10.63	24.7
秀山土家族苗族自治县	64.54	9.37	30.91	49.77	12.47	25.1
酉阳土家族苗族自治县	81.81	8.86	38.18	57.23	12.36	21.6
彭水苗族土家族自治县	68.30	7.47	31.62	53.85	12.35	22.9

2　国民经济发展概况

根据2010年重庆市统计年鉴，2009年全市地区生产总值6530.01亿元，比上年增长14.9%。其中，第一产业606.80亿元；第二产业3448.77亿元；第三产业2474.44亿元。地区生产总值构成比重一、二、三产业分别为9.3∶52.8∶37.9，按常住人口统计计算，全市人均地区生产总值22920元。

全年全社会固定资产投资5317.92亿元，比上年增长31.5%。其中，基础设施建设投资1542.57亿元，增长28.3%；城镇投资4958.74亿元，增长31.1%；农村投资359.18亿元，增长36.2%。

全年社会消费品零售总额2479.01亿元，比上年增长18.6%，扣除价格因素，实际增长21.9%。分城乡看，市实现社会消费品零售额1521.13亿元，增长18.7%；县实现社会消费品零售额331.82亿元，增长18.4%；县以下实现社会消费品零售额626.06亿元，增长18.5%。分行业看，批发零售贸易业零售额2048.96亿元，增长18.3%；住宿和餐饮业零售额381.27亿元，增长21.9%；其他行业零售额48.78亿元，增长8.9%。

全年进出口总额77.09亿美元，比上年下降19.0%。其中，出口42.80亿美元，下降25.2%；进口34.29亿美元，下降9.8%。机电产品出口29.33亿美元，下降26.7%，占出口总额的68.5%。

全年实现地方财政收入1165.71亿元，比上年增长21.0%。其中，地方一般预算收入681.82亿元，增长18.0%。全年地方财政支出1806.07亿元，比上年增长24.7%，其中一般预算支出1318.09亿元，增长29.7%。年末全市金融机构本外币存款余额11084.82亿元，比年初增长36.9%。城乡居民储蓄存款余额4908.68亿元，增长23.1%。本外币贷款余额8856.56亿元，增长41.7%。

全市城镇经济，单位职工平均工资30963元，比上年增长14.7%。城镇居民人均家庭总收入16990元，增长11.6%。城镇人均消费支出12144元，增长8.9%。全年农村居民人均纯收入4621元，增长12%。人均生活消费支出3142元，增长8.9%。

3 工农业生产情况

据《2009年重庆市国民经济和社会发展统计公报》统计数据，2009年工业增加值2917.40亿元，比上年增长17.2%，占全市生产总值的44.7%。2009年重庆市工业产值见表1-3。规模以上工业经济效益综合指数达到206.4%，比上年提高9.6个百分点；实现利税总额623.71亿元，增长15.9%；实现利润323.14亿元，增长16.4%；总资产贡献率10.9%，下降0.4个百分点；产品销售率97.8%，提高0.6个百分点；全员劳动生产率167693元/人年，增长12.3%。

表1-3 2009年重庆市工业产值情况

指 标	绝对额(亿元)	比上年增长(%)
工业总产值	6706.96	15.2
大中型企业	4745.87	14.0
国有控股企业	2679.66	9.9
轻工业	2043.74	11.5
重工业	4663.22	16.9
国有企业	290.58	11.9
集体企业	92.09	41.3
股份合作制企业	11.69	20.2
股份制企业	4587.48	14.0
外商及港澳台企业	1317.52	15.8
其他	407.61	25.2

从支柱产业看，汽车、摩托车行业总产值2223.79亿元，增长21.3%，占规模以上工业总产值的33.2%；装备制造业总产值1091.14亿元，增长18.0%，占规模以上工业总产值的16.3%（表1-4）。

表1-4 2009年规模以上工业主要产品产量

产品名称	产 量	比上年增加(%)
原煤(万吨)	4290.79	18.5
钢材(万吨)	477.44	6.3
铝材(万吨)	75.15	-0.2
水泥(万吨)	3610.99	13.6
农用化肥(万吨)	152.00	12.3
维纶纤维(吨)	12285.00	-16.3

（续）

产品名称	产 量	比上年增加(%)
汽车(万辆)	118.65	59.8
轿车(万辆)	63.30	46.7
摩托车(万辆)	761.74	3.1
卷烟(亿支)	476.00	5.5
啤酒(万千升)	72.77	7.3

2009年农、林、牧、渔业增加值606.80亿元，比上年增长5.5%。其中，种植业390.50亿元，增长5.6%；畜牧业164.00亿元，增长4.9%；林业24.59亿元，增长5.4%。粮食播种面积3344.24万亩，比上年增长0.6%。粮食平均亩产340公斤，粮食总产量1137.20万吨，比上年减产1.4%。油料播种面积355.54万亩，增长10.0%。蔬菜播种面积828.35万亩，增长14.7%。蔬菜产量1177.45万吨，增长18.4%。肉类总产量187.72万吨，增长5.7%(表1-5)。

表1-5 2009年重庆市主要农产品产量

产品名称	产 量	比上年增加(%)
粮食(万吨)	1137.20	-1.4
蔬菜(万吨)	1177.45	18.4
油料(万吨)	40.54	13.4
禽蛋(万吨)	35.97	8.6
牛奶(万吨)	7.94	2.0
生猪出栏数(万头)	2003.11	5.5
牛出栏数(万头)	46.94	14.4
羊出栏数(万只)	166.55	11.3
肉类总产量(万吨)	187.72	5.7
猪肉(万吨)	146.52	4.2

4 湿地文化

重庆是一座有着悠久历史文化的名城。远在两万多年前的旧石器时代，这片土地上就出现了人类的生息繁衍活动。到新石器时代，已有较稠密的原始村落，分别居住着夷、濮、苴等8个族群。正是这些最早的重庆居民，创造了重庆最古老的历史文明。重庆依山傍水，江河湖泊众多，湿地类型多样，有些湿地是重要历史事件的发生地，如古战场遗址、某重要声明或宣言发布地、古代居民点或人类移居地等。在重庆，不但发现了距今200多万年前的古人类化石，长江三峡地区还广泛分布着数量众多的新石器时代早期至今的历代古文化遗址。巴渝文化是长江上游最富有鲜明个性的民族文化之一，起源于巴文化，是重庆文化的重要源流，是巴族和巴国在历史的发展中所形成的地域性文化。巴人一直生活在大山大川之间，大自然的熏陶、险恶的环境，炼就一种顽强、坚韧和骠悍的性格，因此，巴人以勇猛、善战而称。巴渝文化作为一种绵延3000余年的地域文化，其深厚的积淀衍生出许多文化类别。巴渝文化的几个标志性代表如下：

4.1 巴文化

巴人在重庆建都，有3000余年之久，各民族文化交流融合，互相影响，逐渐形成多元文化的融合体，创造了独具特色的巴文化，包括怀清台、巴盐、巴渝舞、竹枝词等文化形态，由巴人衍生出的土家族也积淀了丰厚的文化因素。渝东南地区的古镇、摆手舞、花灯、阳戏、哭嫁歌、吊脚楼等文化元素是土家族文化的重要构成。

川剧——川剧是巴文化的主要代表之一，是我国戏曲宝库中的一颗光彩照人的明珠。它历史悠久，是重庆、四川、云南、贵州等西南地区人民所喜闻乐见的民族民间艺术形式，川剧中的“变脸”“喷火”“水袖”等绝活独树一帜，再加上写意的程式化动作含蓄着不尽的妙味，为世人所喜爱并远涉重洋、传遍世界。川剧脸谱是川剧表演艺术中的重要组成部分，是历代川剧艺人共同创造并传承下来的艺术瑰宝。

川菜——重庆是川菜的发源地之一，重庆的川菜博采全国各大菜系之长，兼收并蓄，妙味无穷。其烹饪制法有30多种，花色菜品有4000多个，味型20余种，香型10多种。通过各种烹饪方法调制出千变万化的菜肴。其中，正宗的川菜味道一般都较浓辣，一些滋补菜系还以中药材及花朵入菜，味道相当特别。火锅是川菜中最有特色的一种佳肴，麻、辣、烫、鲜、脆(嫩)，是火锅的特点。火锅起源于码头，火锅文化是最具特色的湿地文化。

川江号子——重庆至巫山这段千里川江上，航道弯曲狭窄，明礁暗石林立，急流险滩无数。旧社会江上船只多靠人力推挠或拉纤航行，少则数十人多则上百人的江上集体劳动，只有用号子来统一指挥。因此，在滚滚川江上，产生了许多歌咏船工生活的水上歌谣，这就是川江号子。其高亢、豪迈、有力，在峡江之中久久回荡，起着在行船中统一摇橹扳动作和调节船工急缓情绪的作用。川江号子已被列入第一批国家级非物质文化遗产名录。

节日文化——重庆人千百年来形成了春节拜年、十五观灯、清明祭祖、赶庙会、坐花轿、放风筝、美食文化节、龙灯艺术节、啤酒节、荷花节等丰富的民俗文化节日。特别是荷花节，在重庆铜梁县的荷花湿地公园保持了万亩莲藕生产基地生态景观的同时，还设计、规划了上千亩观赏荷花园，特设游船、观光步道、休闲亭、观赏亭等设施，方便市民融入湿地，营造出一幅人与自然和谐共处的美妙画卷。

4.2 码头文化

自古以来，重庆就因地处两江相汇，水域通达，重庆码头一直是长江流域水运往来的要地。重庆主城两江四岸绵延近百公里，水运便利。蜀中、我国西南乃至整个长江流域的城市文化在这里都有交融，加上重庆自己独特的市井文化，重庆码头文化逐渐兴起。重庆的码头文化主要包括方言艺术和茶馆文化。独特的巴渝文化，铸就了重庆这块土地上深厚的文化底蕴，文化英才不断涌现，文化佳作业绩辉煌，文化艺术空前活跃。

4.3 抗战文化

1937 年 10 月，国民政府迁都重庆，以重庆为战时首都。1939 年改重庆为直辖市，1940 年定为“陪都”，并扩大市区范围。重庆四周环山，长江和嘉陵江环绕，易守难攻，尤其是长江三峡，是天然屏障，日本陆军和海军始终无法攻入重庆，只有靠空袭。八年抗战时期(1937 ~ 1945 年)，重庆是中国政治与文化中心，世界反法西斯战线远东指挥中心，也是中共中央南方局和第二次国共(国民党与中国共产党)合作的所在地。重庆的抗战文化，是以抗日救亡为基本主题，在中华民族处于生死存亡关头，郭沫若、茅盾、老舍、曹禺、夏衍等人来到重庆，在中共中央南方局和周恩来同志的领导下，用饱蘸爱国热情的笔写出了一大批思想性强、艺术质量高的文艺作品，出现了前所未有的活跃局面，团结了大后方的进步力量，为新民主主义革命和新中国的文化建设积蓄了力量。抗战时期，重庆一跃成为中国文坛的中心。伴随着世界反法西斯战争的发展，以文艺为武器，动员和团结全国各族人民、各界精英一致抗日，形成了独具特色的“抗战文化”，并将在历史的长河中永放光芒。

4.4 长江三峡文化

古老的长江三峡，西起重庆奉节，东至湖北宜昌。三峡地区是巴蜀、荆楚和中原文化的历史衍生地，具有独特的自然地理以及悠久的移民历史，留下了丰富多样的文化遗产。三峡工程竣工运行后，由于采取“蓄清排浑”的运行方式，致使三峡水库水位呈现冬季高夏季低的特点。随着水位规律性的升降，在海拔 145 ~ 175 米间的陆地形成与天然河流涨落季节相反的消落带湿地，在重庆市范围内消落带湿地面积就达 3.06 万公顷，涉及巫山、巫溪、奉节、云阳、开县、万州等 22 个区县，这些淹没地带成为独特的三峡经济开发区域。自石器时代到当代，这里文化积淀丰厚、绵延久远，其地缘性、民族性、开放性引人注目。其主要包括大巫山文化(包括龙骨坡文化、大溪文化、魏家梁子文化等原生性文化，有文化景观如大宁河、大昌古镇等)、鬼文化、三国文化(包括诸葛亮夔州八阵图、白帝城、三国墓群、张桓侯庙等文化景观)。

长江三峡水利工程的兴建，为重庆的建设带来了千载难逢的历史发展机遇，但新重庆又是一个世界上农村人口最多、耕地面积最大、农业资源最为丰富的极其特殊的直辖市。虽然有长江三峡库区文化长廊等旅游资源、长江黄金水道和丰富的自然资源，但同时又面临着库区 100 多万移民安置的世界性难题，还要努力保护三峡库区水环境，实现辖区内生态平衡的特殊任务。三峡移民文化是三峡文化中最厚重、最璀璨的部分，是三峡文化的核心构成部分。移民文化是一种因为移民的社会流动导致外地文化与本地文化相互融合形成的新型文化。历史上，三峡地区共发生 8 次大的移民活动，通过大规模的移民活动，不仅推动了经济的全面发展，如充足的劳动力资源、先进的生产技术、繁荣的商业交流，也促进了巴、楚、蜀文化多元融合、兼收并蓄。中国南北文化、东西文化交汇于三峡地区，形成了以“顾全大局的爱国精神、舍己为公的奉献精神、万众一心的协作精神、艰苦创业的拼搏精神”为主要特征的新型文化形态。在荆棘丛生的选择中，传统的三峡文化应当坚定不移地实施“天人合一”的经济发展与生态平衡相适应的可持续发展战略。要扭转生态失衡的局面，就是要同大自然交朋友，合理利用自然资源，实现“天人合一”的和谐状态。

4.5 乌江文化

乌江流域的文化历史悠久，早在新石器时代，乌江流域的文化就开始传承。先秦时代，巴人、濮人、越人、夜郎人等在着力进行着文化创造。特别是鱼凫巴人、白虎巴人、鳖灵巴人西迁川东进入乌江流域后，利用当地的资源，以拓蛮荒。巴人对乌江流域的塑造，一直影响着当今乌江文化的发展与走向，使乌江文化打上了巴文化的深刻烙印。而乌江重庆段地域恰是重庆的民族聚居区域，也是土家族文化的重要生长区域，其民族性格、族群生活有着深厚的文化积淀。主要有土家摆手舞、涪陵榨菜、船工号子、武隆豆干制作工艺以及众多古镇等。

第二章
湿地类型

第一节
湿地类型与面积

1 湿地概况

重庆市地处我国西南，境内江河纵横，水资源丰富，长江自西南向东北横贯市境，600余公里长江干流汇集了嘉陵江、渠江、涪江、乌江、大宁河等五大支流及上百条小河流。重庆市湿地总面积为20.72万公顷。其中自然湿地(包括河流湿地、湖泊湿地、沼泽湿地)8.76万公顷，占湿地总面积42.30%；人工湿地11.95万公顷，占湿地总面积57.70%(表2-1)。同时根据2010年重庆市统计年鉴数据，重庆市还有水稻田湿地类型面积68.20万公顷。

1.1 各湿地类型的湿地面积

全市有湿地4类8型，其中自然湿地有河流湿地、湖泊湿地、沼泽湿地3类，永久性河流、洪泛平原湿地、永久性淡水湖、草本沼泽、沼泽化草甸5型。人工湿地有库塘、运河/输水河、水产养殖场3型(表2-1)。

从湿地类来看，重庆市有河流湿地87289.76公顷，占湿地总面积42.14%；湖泊湿地263.49公顷，占湿地总面积0.13%；沼泽湿地62.01公顷，占湿地总面积0.03%；人工湿地119535.74公顷，占湿地总面积的57.70%。

从湿地型来看，重庆市有永久性河流85002.58公顷，占湿地总面积41.04%；洪泛平原湿地2287.18公顷，占湿地总面积1.10%；永久性淡水湖263.49公顷，占湿地总面积0.13%；草本沼泽42.29公顷，占湿地总面积0.02%；沼泽化草甸19.72公顷，占湿地总面积0.01%；库塘湿地117869.45公顷，占湿地总面积56.90%；运河/输水河995.67公顷，占湿地总面积0.48%；水产养殖场670.62公顷，占湿地总面积0.32%，如图2-1。

表 2-1　重庆湿地概况表

湿地类	湿地型	湿地面积（公顷）	湿地型比例（%）	湿地类面积（公顷）	湿地类比例（%）
合　计		207151.00	100	207151.00	100
河流湿地	永久性河流	85002.58	41.04	87289.76	42.14
	洪泛平原湿地	2287.18	1.10		
湖泊湿地	永久性淡水湖	263.49	0.13	263.49	0.13
沼泽湿地	草本沼泽	42.29	0.02	62.01	0.03
	沼泽化草甸	19.72	0.01		
人工湿地	库塘	117869.45	56.90	119535.74	57.70
	输水河	995.67	0.48		
	水产养殖场	670.62	0.32		

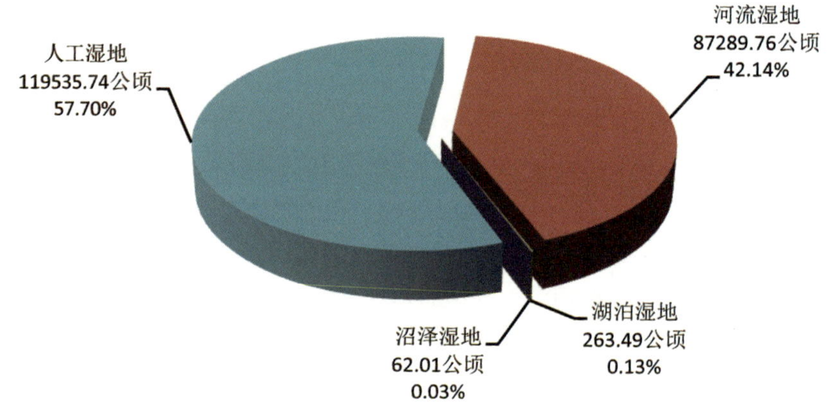

图 **2-1**　重庆市湿地类型比例构成图

1.2　各湿地区的湿地类及面积

根据《全国湿地资源调查技术规程（试行）》要求，全市划为 45 个湿地区，其中单独区划湿地区 6 块，零星湿地区 39 个，各湿地区见表 2-2。在单独区划的湿地区中湿地面积最大是三峡水库湿地区，长寿湖湿地区次之，第三为阿蓬江国家湿地公园湿地区。河流湿地面积最大的湿地区主要为长江干流沿线各区县零星湿地区；湖泊湿地主要为小南海湿地区；沼泽湿地仅在北碚、万盛、武隆等零星湿地区有分布；人工湿地广泛分布在各个湿地区当中，以三峡库区湿地区分布面积最大。

表 2-2 重庆各湿地区湿地概况表(公顷)

湿地区编码	湿地区名称	合 计	河流湿地	湖泊湿地	沼泽湿地	人工湿地
	合 计	207151.00	87289.76	263.49	62.01	119535.74
500101	万州区零星湿地区	3822.91	2562.55			1260.36
500102	涪陵区零星湿地区	2344.09	1244.16			1099.93
500104	大渡口区零星湿地区	128.05	128.05			
500105	江北区零星湿地区	96.50	71.88			24.62
500106	沙坪坝区零星湿地区	308.59	201.52			107.07
500107	九龙坡区零星湿地区	1149.13	892.29			256.84
500108	南岸区零星湿地区	287.00	135.96			151.04
500109	北碚区零星湿地区	1936.92	1627.07		29.14	280.71
500110	万盛区零星湿地区	638.73	319.13		13.15	306.45
500111	双桥区零星湿地区	27.76	27.76			
500112	渝北区零星湿地区	2130.61	1532.04			598.57
500113	巴南区零星湿地区	1711.83	1037.23			674.60
500114	黔江区零星湿地区	1250.82	1192.28			58.54
500115	长寿区零星湿地区	2211.24	1289.34			921.90
500116	江津区零星湿地区	12168.13	11226.18			941.95
500117	合川区零星湿地区	10891.00	9166.13			1724.87
500118	永川区零星湿地区	4373.61	2499.51			1874.10
500119	南川区零星湿地区	2434.76	1694.54			740.22
500222	綦江县零星湿地区	2513.93	1979.69			534.24
500223	潼南县零星湿地区	4757.85	4291.29			466.56
500224	铜梁县零星湿地区	3790.17	2600.01			1190.16
500225	大足县零星湿地区	2626.40	1346.97			1279.43
500226	荣昌县零星湿地区	2589.83	1100.61			1489.22
500227	璧山县零星湿地区	1546.64	820.01			726.63
500228	梁平县零星湿地区	1861.59	1135.69			725.90
500229	城口县零星湿地区	4132.54	3628.00			504.54
500230	丰都县零星湿地区	2631.60	1937.36			694.24
500231	垫江县零星湿地区	2628.24	1939.14			689.10
500232	武隆县零星湿地区	3696.94	2790.97		19.72	886.25
500233	忠县零星湿地区	2385.58	2046.31			339.27
500234	开县零星湿地区	4143.29	3494.28			649.01
500235	云阳县零星湿地区	2670.14	2369.62			300.52
500236	奉节县零星湿地区	2653.69	2638.22			15.47
500237	巫山县零星湿地区	767.54	726.58			40.96
500238	巫溪县零星湿地区	2260.17	2260.17			0

（续）

湿地区编码	湿地区名称	合 计	河流湿地	湖泊湿地	沼泽湿地	人工湿地
500240	石柱土家族自治县零星湿地区	2835.32	2216.03			619.29
500241	秀山土家族苗族自治县零星湿地区	3108.19	2360.26			747.93
500242	酉阳土家族苗族自治县零星湿地区	4596.39	4237.39			359.00
500243	彭水苗族土家族自治县零星湿地区	3930.90	3113.87			817.03
5020001	三峡水库湿地区	89007.43	83.71			88923.72
5030002	小南海湿地区	299.34	35.85	263.49		0
5050003	大洪湖湿地区	1017.54				1017.54
5050004	长寿湖湿地区	5048.31				5048.31
5050005	龙水湖湿地公园湿地区	291.99				291.99
5050006	阿蓬江国家湿地公园湿地区	1447.77	1290.11			157.66

1.3 各流域的湿地类及面积

根据水利部全国一、二、三级流域分类规定，重庆市涉及1个一级流域：长江区；5个二级流域：洞庭湖水系、嘉陵江、岷沱江、乌江、宜宾至宜昌；7个三级流域：沅江浦市镇以下、广元昭化以下干流，渠江、沱江，思南以下、赤水河、宜宾至宜昌干流（表2-3）。

表2-3 重庆各流域湿地概况表（公顷）

一级流域	二级流域	三级流域码	合 计	河流湿地	湖泊湿地	沼泽湿地	人工湿地
长江区	总 计		207151.00	87289.76	263.49	62.01	119535.74
	岷沱江	沱江	4773.30	2081.36			2691.94
		小 计	4773.30	2081.36			2691.94
	嘉陵江	涪江	13475.28	10634.82			2840.46
		渠江	17248.43	12814.41		29.14	4404.88
		小 计	30723.71	23449.23		29.14	7245.34
	乌江	思南以下	17007.48	12458.64	263.49	19.72	4265.63
		小 计	17007.48	12458.64	263.49	19.72	4265.63
	宜宾至宜昌	宜宾至宜昌干流	149051.44	44776.72		13.15	104261.57
		赤水河	44.44	12.77			31.67
		小 计	149095.88	44789.49		13.15	104293.24
	洞庭湖水系	沅江浦市镇以下	5550.63	4511.04			1039.59
		小 计	5550.63	4511.04			1039.59

1.3.1 一级流域

重庆市一级流域只有长江区。

1.3.2 二级流域

二级流域包括洞庭湖水系、嘉陵江、岷沱江、乌江、宜宾至宜昌5个区。二级流域中湿地面积最大的区为宜宾至宜昌流域，最小的为岷沱江流域。

(1)洞庭湖水系流域，湿地总面积5550.63公顷，其中，河流湿地面积4511.04公顷，人工湿地面积1039.59公顷。

(2)嘉陵江流域，湿地总面积30723.71公顷，其中，河流湿地面积23449.23公顷，沼泽湿地面积29.14公顷，人工湿地面积7245.34公顷。

(3)岷沱江流域，湿地总面积4773.3公顷，其中，河流湿地面积2081.36公顷，人工湿地面积2691.94公顷。

(4)乌江流域，湿地总面积17007.48公顷，其中，河流湿地面积12458.64公顷，湖泊湿地面积263.49公顷，沼泽湿地面积19.72公顷，人工湿地面积4265.63公顷。

(5)宜宾至宜昌流域，湿地总面积149095.88公顷，其中，河流湿地面积44789.49公顷，沼泽湿地面积13.15公顷，人工湿地面积104293.24公顷。

1.3.3 三级流域

三级流域包括沅江浦市镇以下流域、涪江、渠江、沱江、思南以下流域、赤水河、宜宾至宜昌干流7个区，其中，湿地面积最大的区为宜宾至宜昌干流，最小的是赤水河(表2-3)。

(1)沅江浦市镇以下流域，湿地总面积5550.63公顷，其中，河流湿地面积4511.04公顷，人工湿地面积1039.59公顷。

(2)涪江流域，湿地总面积13475.28公顷，其中，河流湿地面积10634.82公顷，人工湿地面积2840.46公顷。

(3)渠江流域，湿地总面积17248.43公顷，其中，河流湿地面积12814.41公顷，沼泽湿地面积29.14公顷，人工湿地面积4404.88公顷。

(4)沱江流域，湿地总面积4773.3公顷，其中，河流湿地面积2081.36公顷，人工湿地面积2691.94公顷。

(5)思南以下流域，湿地总面积17007.48公顷，其中，河流湿地面积12458.64公顷，湖泊湿地面积263.49公顷，沼泽湿地面积19.72公顷，人工湿地面积4265.63公顷。

(6)赤水河流域，湿地总面积44.44公顷，其中，河流湿地面积12.77公顷，人工湿地面积31.67公顷。

(7)宜宾至宜昌干流流域，湿地总面积149051.44公顷，其中，河流湿地面积44776.72公顷，沼泽湿地面积13.15公顷，人工湿地面积104261.57公顷。

1.4 各行政区的湿地类及面积

全市40个区县湿地分布状况，见表2-4。湿地总面积排在前三位的分别是云阳县、万州区、涪陵区。湿地总面积在10000公顷以上的有云阳县、万州区、涪陵区、忠县、江津区、奉节县、合川区7个区县；湿地面积在5000~10000公顷的有长寿区、巫山县、丰都县、开县、巴南区、石柱土家族自治县6个区县；湿地面积在2000~5000公顷的有酉阳土家族苗族自治县、潼南县、永川区、城口县、彭水苗族土家族自治县、铜梁县、武隆县、渝北区、垫江县、秀山土家族苗族自治县、大足县、江北区、黔江区、荣昌县、綦江县、南岸区、南川区、巫溪县、北碚区19个区县；湿地面积在1000~2000公顷的有梁平县、璧山县、九龙坡区、大渡口区4个区县；湿地面积在1000公顷以下的沙坪坝区、万盛区、渝中区、双桥区4个区县，其中双桥区湿地面积最小，只有92.18公顷。

表2-4 重庆各区县湿地概况表(公顷)

区县代码	县级行政区	合 计	河流湿地	湖泊湿地	沼泽湿地	人工湿地
	总 计	207151.00	87289.76	263.49	62.01	119535.74
500101	万州区	13849.50	2562.55			11286.95
500102	涪陵区	13568.78	1244.16			12324.62
500103	渝中区	509.83				509.83
500104	大渡口区	1280.50	128.05			1152.45
500105	江北区	2709.10	71.88			2637.22
500106	沙坪坝区	853.32	201.52			651.80
500107	九龙坡区	1544.57	892.29			652.28
500108	南岸区	2491.81	135.96			2355.85
500109	北碚区	2142.28	1627.07		29.14	486.07
500110	万盛区	638.73	319.13		13.15	306.45
500111	双桥区	92.18	27.76			64.42
500112	渝北区	3619.76	1532.04			2087.72
500113	巴南区	5173.16	1037.23			4135.93
500114	黔江区	2716.51	2394.48	263.49		58.54
500115	长寿区	9589.85	1289.34			8300.51
500116	江津区	12168.13	11226.18			941.95
500117	合川区	10891.00	9166.13			1724.87
500118	永川区	4373.61	2499.51			1874.10
500119	南川区	2434.76	1694.54			740.22
500222	綦江县	2513.93	1979.69			534.24
500223	潼南县	4757.85	4291.29			466.56
500224	铜梁县	3790.17	2600.01			1190.16
500225	大足县	2853.97	1346.97			1507.00
500226	荣昌县	2589.83	1100.61			1489.22
500227	璧山县	1546.64	820.01			726.63
500228	梁平县	1861.59	1135.69			725.90
500229	城口县	4132.54	3628.00			504.54
500230	丰都县	9054.12	1937.36			7116.76

（续）

区县代码	县级行政区	合　计	河流湿地	湖泊湿地	沼泽湿地	人工湿地
500231	垫江县	3351.79	1939.14			1412.65
500232	武隆县	3784.37	2790.97		19.72	973.68
500233	忠县	12238.33	2046.31			10192.02
500234	开县	8052.99	3494.28			4558.71
500235	云阳县	16580.79	2369.62			14211.17
500236	奉节县	10914.12	2638.22			8275.90
500237	巫山县	9221.51	810.29			8411.22
500238	巫溪县	2282.58	2260.17			22.41
500240	石柱土家族自治县	5059.60	2216.03			2843.57
500241	秀山土家族苗族自治县	3108.19	2360.26			747.93
500242	酉阳土家族苗族自治县	4877.81	4361.15			516.66
500243	彭水苗族土家族自治县	3930.90	3113.87			817.03

2　河流湿地

2.1　河流各湿地型及面积

全市河流湿地共87289.76公顷，包括永久性河流和洪泛平原湿地2个湿地型。全市江河众多，主要有长江、嘉陵江、乌江、涪江、渠江、綦江、濑溪河、酉水河、大宁河、任河等10条，河床平均宽度大于10米，长度大于5公里的四级以上支流有240条，其中流域面积在100平方公里以上的河流有207条，流域面积大于1000平方公里以上的河流有40条。

2.1.1　永久性河流湿地

永久性河流湿地指常年有河水径流的河流，仅包括河床部分，如图2-2。全市永久性河流湿地面积达85002.58公顷，占河流湿地总面积的97.38%。

图2-2　奉节县梅溪河湿地

2.1.2 泛洪平原湿地

泛洪平原湿地指在丰水季节由洪水泛滥的河滩、河心洲、河谷、季节性泛滥的草地以及保持了常年或季节性被水浸润内陆三角洲，如图2-3。全市泛洪平原湿地面积2287.18公顷，占河流湿地总面积的2.62%，如图2-4。

图**2-3** 潼南县琼江河湿地

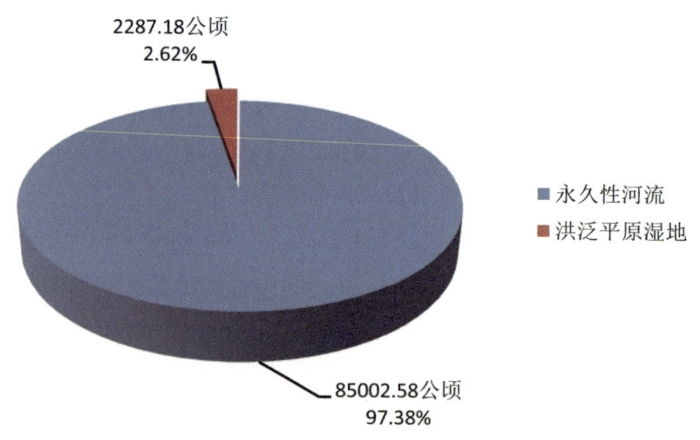

图**2-4** 重庆河流湿地型比例构成图

2.2 各流域的湿地型及面积

全市有1个一级流域、5个二级流域、7个三级流域。二级流域中洞庭湖水系流域河流湿地4511.04公顷，嘉陵江流域河流湿地23449.23公顷，岷沱江流域河流湿地2081.36公顷，乌江流域河流湿地12458.64公顷，宜宾至宜昌流域河流湿地44789.49公顷(表2-5)。

表 2-5 重庆各流域河流湿地分布概况表(公顷)

一级流域	二级流域	三级流域码	合 计	永久性河流	洪泛平原湿地
长江区	总 计		87289.76	85002.58	2287.18
	岷沱江	沱 江	2081.36	2035.09	46.27
		小 计	2081.36	2035.09	46.27
	嘉陵江	涪 江	10634.82	9898.72	736.1
		渠 江	12814.41	12193.54	620.87
		小 计	23449.23	22092.26	1356.97
	乌 江	思南以下	12458.64	12396.24	62.4
		小 计	12458.64	12396.24	62.4
	宜宾至宜昌	宜宾至宜昌干流	44776.72	43982.62	794.1
		赤水河	12.77	12.77	
		小 计	44789.49	43995.39	794.1
	洞庭湖水系	沅江浦市镇以下	4511.04	4483.6	27.44
		小 计	4511.04	4483.6	27.44

2.3 各湿地区的湿地型及面积

全市 45 个湿地区河流湿地面积分布见表 2-6。各湿地区中河流湿地面积最大的为江津区零星湿地区，其湿地面积 11226.18 公顷，占所有河流湿地面积的 12.86%；其次为合川区零星湿地区，其湿地面积 9166.13 公顷，占所有河流湿地面积的 10.50%。大洪湖湿地区、长寿湖湿地区、龙水湖湿地公园湿地区没有河流湿地分布。

表 2-6 重庆各湿地区河流湿地分布概况表(公顷)

湿地区编码	湿地区名称	合 计	永久性河流	洪泛平原湿地
总 计		87289.76	85002.58	2287.18
500101	万州区零星湿地区	2562.55	2562.55	
500102	涪陵区零星湿地区	1244.16	1244.16	
500104	大渡口区零星湿地区	128.05	128.05	
500105	江北区零星湿地区	71.88	71.88	
500106	沙坪坝区零星湿地区	201.52	201.52	
500107	九龙坡区零星湿地区	892.29	892.29	
500108	南岸区零星湿地区	135.96	135.96	
500109	北碚区零星湿地区	1627.07	1597.19	29.88
500110	万盛区零星湿地区	319.13	319.13	
500111	双桥区零星湿地区	27.76	27.76	

（续）

湿地区编码	湿地区名称	合　计	永久性河流	洪泛平原湿地
500112	渝北区零星湿地区	1532.04	1532.04	
500113	巴南区零星湿地区	1037.23	1037.23	
500114	黔江区零星湿地区	1192.28	1192.28	
500115	长寿区零星湿地区	1289.34	1274.53	14.81
500116	江津区零星湿地区	11226.18	10745.26	480.92
500117	合川区零星湿地区	9166.13	8322.92	843.21
500118	永川区零星湿地区	2499.51	2362.60	136.91
500119	南川区零星湿地区	1694.54	1694.54	
500222	綦江县零星湿地区	1979.69	1979.69	
500223	潼南县零星湿地区	4291.29	3906.36	384.93
500224	铜梁县零星湿地区	2600.01	2501.06	98.95
500225	大足县零星湿地区	1346.97	1346.97	
500226	荣昌县零星湿地区	1100.61	1054.34	46.27
500227	璧山县零星湿地区	820.01	820.01	
500228	梁平县零星湿地区	1135.69	1117.97	17.72
500229	城口县零星湿地区	3628.00	3628.00	
500230	丰都县零星湿地区	1937.36	1937.36	
500231	垫江县零星湿地区	1939.14	1939.14	
500232	武隆县零星湿地区	2790.97	2790.97	
500233	忠县零星湿地区	2046.31	2046.31	
500234	开县零星湿地区	3494.28	3366.10	128.18
500235	云阳县零星湿地区	2369.62	2369.62	
500236	奉节县零星湿地区	2638.22	2622.66	15.56
500237	巫山县零星湿地区	726.58	726.58	
500238	巫溪县零星湿地区	2260.17	2260.17	
500240	石柱土家族自治县零星湿地区	2216.03	2216.03	
500241	秀山土家族苗族自治县零星湿地区	2360.26	2332.82	27.44
500242	酉阳土家族苗族自治县零星湿地区	4237.39	4237.39	
500243	彭水苗族土家族自治县零星湿地区	3113.87	3099.9	13.97
5020001	三峡水库湿地区	83.71	83.71	
5030002	小南海湿地区	35.85	35.85	
5050003	大洪湖湿地区			
5050004	长寿湖湿地区			
5050005	龙水湖湿地公园湿地区			
5050006	阿蓬江国家湿地公园湿地区	1290.11	1241.68	48.43

2.4　各行政区的河流湿地型及面积

重庆市40个区县河流湿地面积分布见表2-7。各区县中河流湿地面积最大的是江津区，河流湿地面积11226.18公顷，占河流湿地总面积的12.86%；其次是合川区，河流湿地面积9166.13公顷，占河流湿地总面积的10.50%；渝中区没有河流湿地分布。

表2-7　重庆40个区县河流湿地分布概况表(公顷)

区县代码	区、县(自治县)	合　计	永久性河流	洪泛平原湿地
总　计		87289.76	85002.58	2287.18
500101	万州区	2562.55	2562.55	
500102	涪陵区	1244.16	1244.16	
500103	渝中区			
500104	大渡口区	128.05	128.05	
500105	江北区	71.88	71.88	
500106	沙坪坝区	201.52	201.52	
500107	九龙坡区	892.29	892.29	
500108	南岸区	135.96	135.96	
500109	北碚区	1627.07	1597.19	29.88
500110	万盛区	319.13	319.13	
500111	双桥区	27.76	27.76	
500112	渝北区	1532.04	1532.04	
500113	巴南区	1037.23	1037.23	
500114	黔江区	2394.48	2346.05	48.43
500115	长寿区	1289.34	1274.53	14.81
500116	江津区	11226.18	10745.26	480.92
500117	合川区	9166.13	8322.92	843.21
500118	永川区	2499.51	2362.60	136.91
500119	南川区	1694.54	1694.54	
500222	綦江县	1979.69	1979.69	
500223	潼南县	4291.29	3906.36	384.93
500224	铜梁县	2600.01	2501.06	98.95
500225	大足县	1346.97	1346.97	
500226	荣昌县	1100.61	1054.34	46.27
500227	璧山县	820.01	820.01	
500228	梁平县	1135.69	1117.97	17.72

（续）

区县代码	区、县(自治县)	合　计	永久性河流	洪泛平原湿地
500229	城口县	3628.00	3628.00	
500230	丰都县	1937.36	1937.36	
500231	垫江县	1939.14	1939.14	
500232	武隆县	2790.97	2790.97	
500233	忠　县	2046.31	2046.31	
500234	开　县	3494.28	3366.10	128.18
500235	云阳县	2369.62	2369.62	
500236	奉节县	2638.22	2622.66	15.56
500237	巫山县	810.29	810.29	
500238	巫溪县	2260.17	2260.17	
500240	石柱土家族自治县	2216.03	2216.03	
500241	秀山土家族苗族自治县	2360.26	2332.82	27.44
500242	酉阳土家族苗族自治县	4361.15	4361.15	
500243	彭水苗族土家族自治县	3113.87	3099.90	13.97

3　湖泊湿地

3.1　湖泊各湿地型及面积

湖泊是湖盆、湖水、水中所含物质(矿物质、溶解质、有机质以及水生生物等)组成的自然综合体，湖泊湿地主要包括永久性淡水湖、季节性淡水湖、永久性咸水湖、季节性咸水湖等。重庆境内湖泊极少，只有黔江区小南海湿地，湖泊湿地面积263.49公顷，为永久性淡水湖(图2-5)。

图2-5　黔江区小南海湖泊湿地

3.2 各流域的湿地型及面积

重庆分 1 个一级流域、5 个二级流域、7 个三级流域。只有长江区乌江流域思南以下分布有湖泊湿地 263.49 公顷(表 2-8)。

表 2-8 重庆各流域湖泊湿地分布概况表(公顷)

一级流域	二级流域	三级流域码	合 计	永久性淡水湖
长江区	总 计		263.49	263.49
	岷沱江	沱 江		
		小 计		
	嘉陵江	涪 江		
		渠 江		
		小 计		
	乌 江	思南以下	263.49	263.49
		小 计	263.49	263.49
	宜宾至宜昌	宜宾至宜昌干流		
		赤水河		
		小 计		
	洞庭湖水系	沅江浦市镇以下		
		小 计		

3.3 各湿地区的湖泊湿地型及面积

全市 45 个湿地区湖泊湿地面积分布见表 2-9。6 个单独区划的湿地区中，只有小南海湿地区分布有湖泊湿地 263.49 公顷，其他所有湿地区均没有湖泊湿地分布。

表 2-9 重庆各湿地区湖泊湿地分布概况表(公顷)

湿地区编码	湿地区名称	合 计	永久性淡水湖
总 计		263.49	263.49
500101	万州区零星湿地区		
500102	涪陵区零星湿地区		
500104	大渡口区零星湿地区		
500105	江北区零星湿地区		
500106	沙坪坝区零星湿地区		
500107	九龙坡区零星湿地区		
500108	南岸区零星湿地区		

（续）

湿地区编码	湿地区名称	合　计	永久性淡水湖
500109	北碚区零星湿地区		
500110	万盛区零星湿地区		
500111	双桥区零星湿地区		
500112	渝北区零星湿地区		
500113	巴南区零星湿地区		
500114	黔江区零星湿地区		
500115	长寿区零星湿地区		
500116	江津区零星湿地区		
500117	合川区零星湿地区		
500118	永川区零星湿地区		
500119	南川区零星湿地区		
500222	綦江县零星湿地区		
500223	潼南县零星湿地区		
500224	铜梁县零星湿地区		
500225	大足县零星湿地区		
500226	荣昌县零星湿地区		
500227	璧山县零星湿地区		
500228	梁平县零星湿地区		
500229	城口县零星湿地区		
500230	丰都县零星湿地区		
500231	垫江县零星湿地区		
500232	武隆县零星湿地区		
500233	忠县零星湿地区		
500234	开县零星湿地区		
500235	云阳县零星湿地区		
500236	奉节县零星湿地区		
500237	巫山县零星湿地区		
500238	巫溪县零星湿地区		
500240	石柱土家族自治县零星湿地区		
500241	秀山土家族苗族自治县零星湿地区		
500242	酉阳土家族苗族自治县零星湿地区		

（续）

湿地区编码	湿地区名称	合　计	永久性淡水湖
500243	彭水苗族土家族自治县零星湿地区		
5020001	三峡水库湿地区		
5030002	小南海湿地区	263.49	263.49
5050003	大洪湖湿地区		
5050004	长寿湖湿地区		
5050005	龙水湖湿地公园湿地区		
5050006	阿蓬江国家湿地公园湿地区		

3.4　各行政区的湿地型及面积

全市 40 个区县湖泊湿地面积分布见表 2-10。全市 40 个区县只有黔江区有湖泊湿地分布，面积 263.49 公顷，其余 39 个区县均没有湖泊湿地分布。

表 2-10　重庆各区县湖泊湿地分布概况表(公顷)

区县代码	区、县(自治县)	合　计	永久性淡水湖
总　计		263.49	263.49
500101	万州区		
500102	涪陵区		
500103	渝中区		
500104	大渡口区		
500105	江北区		
500106	沙坪坝区		
500107	九龙坡区		
500108	南岸区		
500109	北碚区		
500110	万盛区		
500111	双桥区		
500112	渝北区		
500113	巴南区		
500114	黔江区	263.49	263.49
500115	长寿区		
500116	江津区		
500117	合川区		

（续）

区县代码	区、县(自治县)	合　计	永久性淡水湖
500118	永川区		
500119	南川区		
500222	綦江县		
500223	潼南县		
500224	铜梁县		
500225	大足县		
500226	荣昌县		
500227	璧山县		
500228	梁平县		
500229	城口县		
500230	丰都县		
500231	垫江县		
500232	武隆县		
500233	忠县		
500234	开县		
500235	云阳县		
500236	奉节县		
500237	巫山县		
500238	巫溪县		
500240	石柱土家族自治县		
500241	秀山土家族苗族自治县		
500242	酉阳土家族苗族自治县		
500243	彭水苗族土家族自治县		

4　沼泽湿地

4.1　沼泽各湿地类型及面积

重庆市沼泽湿地非常少，在各湿地类型中面积最小。全市沼泽湿地面积 62.01 公顷，其中草本沼泽 42.29 公顷，沼泽化草甸 19.72 公顷(图 2-6)。

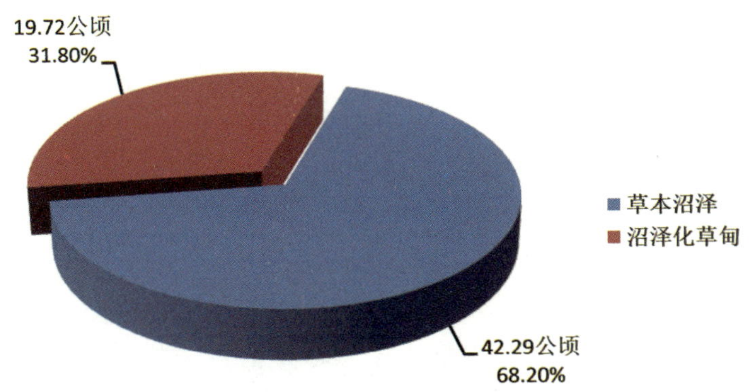

图 **2-6**　重庆沼泽湿地型比例构成图

4.2　各流域的沼泽湿地型及面积

重庆市各级流域沼泽湿地分布见表 2-11。重庆市一级流域只有长江区，二级流域的嘉陵江流域沼泽湿地面积为 29. 14 公顷，乌江流域沼泽湿地为 19. 72 公顷，宜宾至宜昌流域 13. 15 公顷。

表 2-11　重庆各流域沼泽湿地分布概况(公顷)

一级流域	二级流域	三级流域码	合　计	草本沼泽	沼泽化草甸
长江区	总　计		62. 01	42. 29	19. 72
	岷沱江	沱　江			
		小　计			
	嘉陵江	涪　江			
		渠　江	29. 14	29. 14	
		小　计	29. 14	29. 14	
	乌　江	思南以下	19. 72		19. 72
		小　计	19. 72		19. 72
	宜宾至宜昌	宜宾至宜昌干流	13. 15	13. 15	
		赤水河			
		小　计	13. 15	13. 15	
	洞庭湖水系	沅江浦市镇以下			
		小　计			

4.3　各湿地区的沼泽湿地型及面积

全市 45 个湿地区沼泽湿地面积分布见表 2-12。从湿地区内沼泽湿地的分布看，重庆草本沼泽分布于北碚区零星湿地区和万盛区零星湿地区内，湿地面积 42. 29 公顷，占全市沼泽湿地面积的 68. 20%。沼泽化草甸分布于武隆县零星湿地区内(如图 2-7)，湿地面积 19. 72 公顷，占全市沼泽湿地面积的31.80%。

图2-7 武隆县仙女山沼泽湿地

表2-12 重庆各湿地区沼泽湿地分布概况(公顷)

湿地区编码	湿地区名称	合 计	草本沼泽	沼泽化草甸
总 计		62.01	42.29	19.72
500101	万州区零星湿地区			
500102	涪陵区零星湿地区			
500104	大渡口区零星湿地区			
500105	江北区零星湿地区			
500106	沙坪坝区零星湿地区			
500107	九龙坡区零星湿地区			
500108	南岸区零星湿地区			
500109	北碚区零星湿地区	29.14	29.14	
500110	万盛区零星湿地区	13.15	13.15	
500111	双桥区零星湿地区			
500112	渝北区零星湿地区			
500113	巴南区零星湿地区			
500114	黔江区零星湿地区			
500115	长寿区零星湿地区			
500116	江津区零星湿地区			
500117	合川区零星湿地区			
500118	永川区零星湿地区			

（续）

湿地区编码	湿地区名称	合　计	草本沼泽	沼泽化草甸
500119	南川区零星湿地区			
500222	綦江县零星湿地区			
500223	潼南县零星湿地区			
500224	铜梁县零星湿地区			
500225	大足县零星湿地区			
500226	荣昌县零星湿地区			
500227	璧山县零星湿地区			
500228	梁平县零星湿地区			
500229	城口县零星湿地区			
500230	丰都县零星湿地区			
500231	垫江县零星湿地区			
500232	武隆县零星湿地区	19.72		19.72
500233	忠县零星湿地区			
500234	开县零星湿地区			
500235	云阳县零星湿地区			
500236	奉节县零星湿地区			
500237	巫山县零星湿地区			
500238	巫溪县零星湿地区			
500240	石柱土家族自治县零星湿地区			
500241	秀山土家族苗族自治县零星湿地区			
500242	酉阳土家族苗族自治县零星湿地区			
500243	彭水苗族土家族自治县零星湿地区			
5020001	三峡水库湿地区			
5030002	小南海湿地区			
5050003	大洪湖湿地区			
5050004	长寿湖湿地区			
5050005	龙水湖湿地公园湿地区			
5050006	阿蓬江国家湿地公园湿地区			

4.4　各行政区的沼泽湿地型及面积

全市40个区县沼泽湿地面积分布见表2-13。从行政区内沼泽湿地的分布情况看，草本沼泽分布于北碚区、万盛区内，面积为42.29公顷，占所有沼泽湿地面积的68.20%。沼泽化草甸分布于武隆县内，占所有沼泽湿地面积的31.80%。

表2-13 重庆40个区县沼泽湿地分布概况(公顷)

区县代码	区、县(自治县)	合 计	草本沼泽	沼泽化草甸
总 计		62.01	42.29	19.72
500101	万州区			
500102	涪陵区			
500103	渝中区			
500104	大渡口区			
500105	江北区			
500106	沙坪坝区			
500107	九龙坡区			
500108	南岸区			
500109	北碚区	29.14	29.14	
500110	万盛区	13.15	13.15	
500111	双桥区			
500112	渝北区			
500113	巴南区			
500114	黔江区			
500115	长寿区			
500116	江津区			
500117	合川区			
500118	永川区			
500119	南川区			
500222	綦江县			
500223	潼南县			
500224	铜梁县			
500225	大足县			
500226	荣昌县			
500227	璧山县			
500228	梁平县			
500229	城口县			
500230	丰都县			

（续）

区县代码	区、县(自治县)	合　计	草本沼泽	沼泽化草甸
500231	垫江县			
500232	武隆县	19.72		19.72
500233	忠县			
500234	开县			
500235	云阳县			
500236	奉节县			
500237	巫山县			
500238	巫溪县			
500240	石柱土家族自治县			
500241	秀山土家族苗族自治县			
500242	酉阳土家族苗族自治县			
500243	彭水苗族土家族自治县			

5　人工湿地

5.1　人工湿地各湿地型及面积

全市人工湿地 119535.74 公顷，占湿地总面积的 57.7%，主要有库塘，运河/输水河，水产养殖场 3 种类型(图 2-8)。

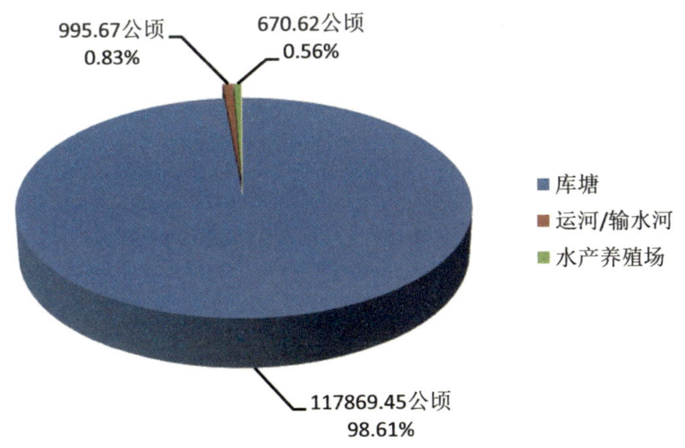

图 **2-8**　重庆人工湿地面积及比例构成图

5.1.1　库　塘

库塘湿地主要是为灌溉、水电、防洪等目的而建造的，面积不小于 8 公顷的人工蓄水区，如图 2-9。全市库塘湿地全为水库，面积 117869.45 公顷，占全市人工湿地面积的 98.61%。全市面积最大的库塘湿地是三峡水库，面积达88923.72公顷，占全市库塘湿地总面积的75.44%。库塘湿地在全市40个区县均有分布。全市有各种水库2766座，其中大型有狮子滩水库、大洪河水库、石板水水库、藤子沟水库、江口水库和大河口水库6座，中型有南彭水库、下涧口水库、胜天水库、海底沟水库、金堂水库、同心水库等60座。

图 **2-9** 万州区人工库塘湿地

5.1.2 运河/输水河

运河/输水河包括全市为水运、输水而建造的人工河流湿地，以及以灌溉、疏浚等为主要目的的沟、渠，面积为995.67公顷，占全市人工湿地面积的0.83%。全市运河/输水河湿地面积较小，只在涪陵区、江北区、南岸区、北碚区、万盛区、巴南区、长寿区、江津区、永川区、南川区、綦江县、大足县、璧山县、梁平县、丰都县、垫江县、武隆县、酉阳土家族苗族自治县18个区县有小面积分布，面积最大的江津区也只有214.76公顷，面积最小的梁平县只有5.76公顷。

5.1.3 水产养殖场

水产养殖场指以水产养殖为主要目的而建造的人工湿地。全市水产养殖场面积670.62公顷，占全市人工湿地面积的0.56%。全市水产养殖场湿地面积较小，只在巴南区、永川区、大足县、荣昌县、璧山县、梁平县6个区县有分布。

5.2 各流域的湿地型及面积

全市各级流域人工湿地分布见表2-14。一级流域重庆只有长江区。从二级流域来看，洞庭湖水系流域人工湿地面积1039.59公顷，占全市人工湿地总面积的0.87%。其中库塘湿地984.37公顷，运河/输水河55.22公顷。嘉陵江流域人工湿地面积7245.34公顷，占全市人工湿地总面积的6.06%。其中库塘湿地7050.85公顷，运河/输水河94.35公顷，水产养殖场100.14公顷。岷沱江流域人工湿地面积为2691.94公顷，占全市人工湿地总面积的2.25%。其中库塘湿地2429.15公顷，水产养殖场262.79公顷。乌江流域人工湿地面积4265.63公顷，占全市人工湿地总面积的3.57%。其中库塘湿地4116.24公顷，运河/输水河149.39公顷。宜宾至宜昌流域人工湿地面积

104293.24 公顷，占全市人工湿地总面积的 87.25%。其中库塘湿地 103288.84 公顷，水产养殖场 307.69 公顷，运河/输水河 696.71 公顷。

表 2-14　重庆各级流域人工湿地分布概况(公顷)

<table>
<tr><th>一级流域</th><th>二级流域</th><th>三级流域码</th><th>合　计</th><th>库　塘</th><th>运河/输水河</th><th>水产养殖场</th></tr>
<tr><td rowspan="14">长江区</td><td colspan="2">总　计</td><td>119535.74</td><td>117869.45</td><td>995.67</td><td>670.62</td></tr>
<tr><td rowspan="2">岷沱江</td><td>沱　江</td><td>2691.94</td><td>2429.15</td><td></td><td>262.79</td></tr>
<tr><td>小　计</td><td>2691.94</td><td>2429.15</td><td></td><td>262.79</td></tr>
<tr><td rowspan="3">嘉陵江</td><td>涪　江</td><td>2840.46</td><td>2682.57</td><td>57.75</td><td>100.14</td></tr>
<tr><td>渠　江</td><td>4404.88</td><td>4368.28</td><td>36.60</td><td></td></tr>
<tr><td>小　计</td><td>7245.34</td><td>7050.85</td><td>94.35</td><td>100.14</td></tr>
<tr><td rowspan="2">乌　江</td><td>思南以下</td><td>4265.63</td><td>4116.24</td><td>149.39</td><td></td></tr>
<tr><td>小　计</td><td>4265.63</td><td>4116.24</td><td>149.39</td><td></td></tr>
<tr><td rowspan="3">宜宾至宜昌</td><td>宜宾至宜昌干流</td><td>104261.57</td><td>103257.17</td><td>696.71</td><td>307.69</td></tr>
<tr><td>赤水河</td><td>31.67</td><td>31.67</td><td></td><td></td></tr>
<tr><td>小　计</td><td>104293.24</td><td>103288.84</td><td>696.71</td><td>307.69</td></tr>
<tr><td rowspan="2">洞庭湖水系</td><td>沅江浦市镇以下</td><td>1039.59</td><td>984.37</td><td>55.22</td><td></td></tr>
<tr><td>小　计</td><td>1039.59</td><td>984.37</td><td>55.22</td><td></td></tr>
</table>

5.3　各湿地区的湿地型及面积

全市各湿地区人工湿地分布见表 2-15。从湿地区内人工湿地的分布看，人工湿地面积最大的湿地区是三峡水库湿地区(图 2-10)，面积 88923.72 公顷，湿地类型全部为库塘；第二位是长寿湖湿地区，面积 5048.31 公顷，湿地类型全部为库塘。大渡口区零星湿地区、双桥区零星湿地区、巫溪县湿地区、小南海湿地区 4 个湿地区没有人工湿地分布。

图 **2-10**　三峡库区湿地

表 2-15 重庆各湿地区人工湿地分布概况(公顷)

湿地区编码	湿地区名称	合 计	库 塘	运河/输水河	水产养殖场
总 计		119535.74	117869.45	995.67	670.62
500101	万州区零星湿地区	1260.36	1260.36		
500102	涪陵区零星湿地区	1099.93	1033.42	66.51	
500104	大渡口区零星湿地区				
500105	江北区零星湿地区	24.62	9.62	15.00	
500106	沙坪坝区零星湿地区	107.07	107.07		
500107	九龙坡区零星湿地区	256.84	256.84		
500108	南岸区零星湿地区	151.04	133.94	17.10	
500109	北碚区零星湿地区	280.71	250.79	29.92	
500110	万盛区零星湿地区	306.45	289.72	16.73	
500111	双桥区零星湿地区				
500112	渝北区零星湿地区	598.57	598.57		
500113	巴南区零星湿地区	674.60	436.20	75.16	163.24
500114	黔江区零星湿地区	58.54	58.54		
500115	长寿区零星湿地区	921.90	907.93	13.97	
500116	江津区零星湿地区	941.95	727.19	214.76	
500117	合川区零星湿地区	1724.87	1724.87		
500118	永川区零星湿地区	1874.10	1698.38	17.58	158.14
500119	南川区零星湿地区	740.22	695.13	45.09	
500222	綦江县零星湿地区	534.24	340.96	193.28	
500223	潼南县零星湿地区	466.56	466.56		
500224	铜梁县零星湿地区	1190.16	1190.16		
500225	大足县零星湿地区	1279.43	1204.60	40.17	34.66
500226	荣昌县零星湿地区	1489.22	1226.43		262.79
500227	璧山县零星湿地区	726.63	681.49	36.22	8.92
500228	梁平县零星湿地区	725.90	677.27	5.76	42.87
500229	城口县零星湿地区	504.54	504.54		
500230	丰都县零星湿地区	694.24	673.98	20.26	
500231	垫江县零星湿地区	689.10	661.72	27.38	
500232	武隆县零星湿地区	886.25	780.69	105.56	
500233	忠县零星湿地区	339.27	339.27		
500234	开县零星湿地区	649.01	649.01		
500235	云阳县零星湿地区	300.52	300.52		
500236	奉节县零星湿地区	15.47	15.47		
500237	巫山县零星湿地区	40.96	40.96		
500238	巫溪县零星湿地区				

（续）

湿地区编码	湿地区名称	合　计	库　塘	运河/输水河	水产养殖场
500240	石柱土家族自治县零星湿地区	619.29	619.29		
500241	秀山土家族苗族自治县零星湿地区	747.93	747.93		
500242	酉阳土家族苗族自治县零星湿地区	359.00	303.78	55.22	
500243	彭水苗族土家族自治县零星湿地区	817.03	817.03		
5020001	三峡水库湿地区	88923.72	88923.72		
5030002	小南海湿地区				
5050003	大洪湖湿地区	1017.54	1017.54		
5050004	长寿湖湿地区	5048.31	5048.31		
5050005	龙水湖湿地公园湿地区	291.99	291.99		
5050006	阿蓬江国家湿地公园湿地区	157.66	157.66		

5.4　各行政区的湿地型及面积

全市 40 个区县人工湿地分布见表 2-16。人工湿地面积最大的是云阳县，面积 14211.17 公顷，占全市人工湿地面积的 11.89%；其次为涪陵区，面积 12258.11 公顷，占全市人工湿地面积的 10.31%。双桥区、黔江区、巫溪县 3 个区县人工湿地面积最少，分别为 64.42 公顷、58.54 公顷、22.41 公顷。

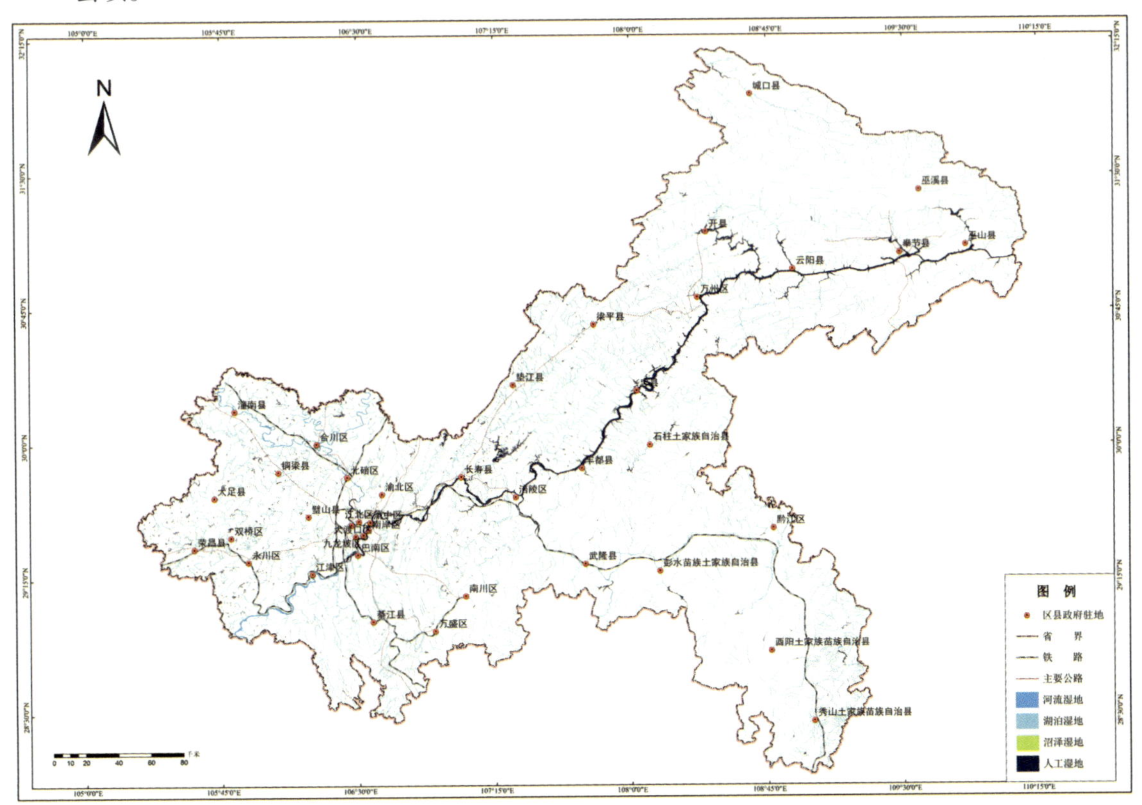

图 **2-11**　重庆湿地资源分布图

表 2-16 重庆 40 个区县人工湿地分布概况(公顷)

区县代码	区 县	合 计	库 塘	运河/输水河	水产养殖场
总 计		119535.74	117869.45	995.67	670.62
500101	万州区	11286.95	11286.95		
500102	涪陵区	12324.62	12258.11	66.51	
500103	渝中区	509.83	509.83		
500104	大渡口区	1152.45	1152.45		
500105	江北区	2637.22	2622.22	15.00	
500106	沙坪坝区	651.80	651.80		
500107	九龙坡区	652.28	652.28		
500108	南岸区	2355.85	2338.75	17.10	
500109	北碚区	486.07	456.15	29.92	
500110	万盛区	306.45	289.72	16.73	
500111	双桥区	64.42	64.42		
500112	渝北区	2087.72	2087.72		
500113	巴南区	4135.93	3897.53	75.16	163.24
500114	黔江区	58.54	58.54		
500115	长寿区	8300.51	8286.54	13.97	
500116	江津区	941.95	727.19	214.76	
500117	合川区	1724.87	1724.87		
500118	永川区	1874.10	1698.38	17.58	158.14
500119	南川区	740.22	695.13	45.09	
500222	綦江县	534.24	340.96	193.28	
500223	潼南县	466.56	466.56		
500224	铜梁县	1190.16	1190.16		
500225	大足县	1507	1432.17	40.17	34.66
500226	荣昌县	1489.22	1226.43		262.79
500227	璧山县	726.63	681.49	36.22	8.92
500228	梁平县	725.90	677.27	5.76	42.87
500229	城口县	504.54	504.54		
500230	丰都县	7116.76	7096.50	20.26	
500231	垫江县	1412.65	1385.27	27.38	
500232	武隆县	973.68	868.12	105.56	
500233	忠县	10192.02	10192.02		
500234	开县	4558.71	4558.71		
500235	云阳县	14211.17	14211.17		

（续）

区县代码	区　县	合　计	库　塘	运河/输水河	水产养殖场
500236	奉节县	8275.90	8275.90		
500237	巫山县	8411.22	8411.22		
500238	巫溪县	22.41	22.41		
500240	石柱土家族自治县	2843.57	2843.57		
500241	秀山土家族苗族自治县	747.93	747.93		
500242	酉阳土家族苗族自治县	516.66	461.44	55.22	
500243	彭水苗族土家族自治县	817.03	817.03		

第二节 湿地的分布规律

1　湿地分布特点

重庆市国土面积约为8.24万平方公里，是全国面积较小的省份之一，但境内江河密布，库塘众多，湿地资源丰富而且特点鲜明。

(1)湿地类型多样，空间分布不均。

重庆市湿地类型包括河流湿地、湖泊湿地、沼泽湿地和人工湿地4个湿地类，包括永久性淡水河、永久性湖泊、库塘、水产养殖场等8个湿地型，在较小的国土面积范围内集中了多种湿地类型。在4个湿地类中，人工湿地占全市湿地总面积的57.70%，在全市排第一位，其次为河流湿地42.14%，湖泊湿地0.13%，最少为沼泽湿地0.03%，空间分布极为不均(图2-12)。

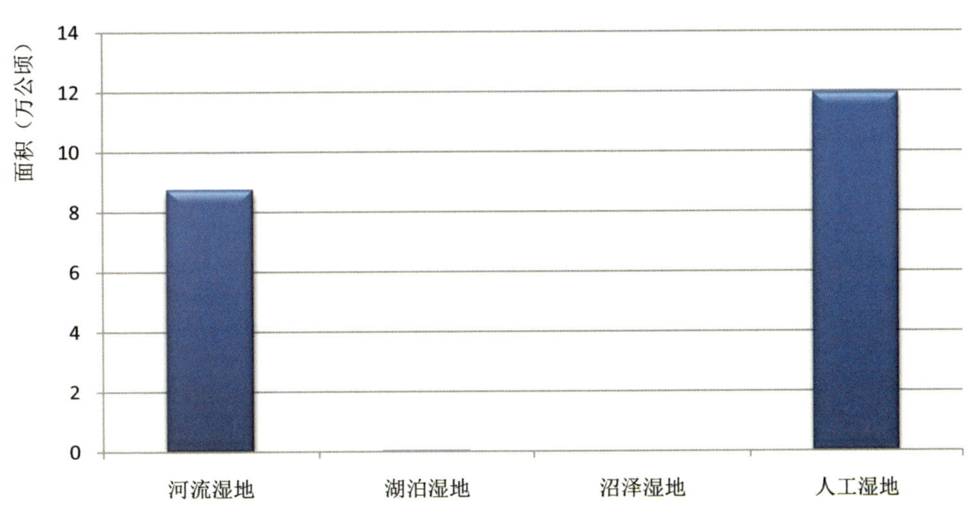

图2-12　重庆4个湿地类湿地面积柱状图

同时，湿地的分布又呈现地域性分布特点。自然湿地以永久性河流为主，广泛分布于全市各个地区。永久性湖泊、草本沼泽、沼泽化草甸等湿地类型则均为零星分布，数量较少。人工湿地以库塘湿地为主，广泛分布于全市各个地区。水产养殖场、运河输水河为零星分布。

(2)人工湿地占全市湿地面积比重大。

全市人工湿地面积为11.95万公顷，占全市湿地总面积的57.70%，而人工湿地又主要以库塘湿地为主，库塘湿地占人工湿地面积的98%。其中三峡水库面积最大，三峡水库在重庆市湿地面积为7.78万公顷，占人工湿地面积的65.10%。人工湿地的生态、经济、社会地位较高，为人类提供了大量能源、水资源以及多种生物的栖息生境，还发挥着蓄洪抗旱、净化水源、固碳等重要作用。

(3)三峡水库反季节蓄水，形成独特的消落区湿地。

三峡工程竣工运行后，由于采取“蓄清排浑”的运行方式，致使三峡水库水位呈现冬季高夏季低的特点。随着水位规律性的升降，在海拔145~175米间的陆地形成与天然河流涨落季节相反的消落带湿地，在重庆市范围内消落带湿地面积就达3.06万公顷，涉及巫山、巫溪、奉节、云阳、开县、万州等22个区县。随着三峡工程的运行，消落带土地按季节和水位涨落出现规律性的淹没和出露，夏季为陆、冬季为水，水库消落带的生态条件发生巨变。三峡水库消落带作为中国乃至世界最为特殊的生态功能区，对于三峡水库的生态安全具有重要的意义。

(4)河流、库塘湿地密集，是西南山地湿地的代表性区域和长江上游地区湿地的重要组成部分。

重庆地处长江中上游，水系发达，而且历代治水不辍，尤其是近年来，大规模开发水资源，建成了一大批重大水利工程，提供了大量电能和生产生活用水，从而形成了江、河沟通互联的发达水网。河流流域面积大，全市境内流域面积大于100平方公里的河流207条，其中过境河流31条，主要有长江、嘉陵江、乌江、渠江、涪江等。平均宽度大于10米，长度大于5公里的河流有1953条。重庆市人工库塘数量众多，面积宽阔，据本次调查全市8公顷面积以上的库塘802座(含三峡库区)，库塘湿地面积达11.79万公顷，占重庆市湿地总面积的56.90%。

(5)湿地生物多样性丰富，是温带、亚热带植物分布的共生区。

重庆湿地生物多样性十分丰富，尤其鸟类、鱼类等物种极为丰富，是重要的物种基因库。据本次湿地资源调查统计，重庆市重点湿地的脊椎动物有563种，其中珍稀保护物种种类丰富，国家重点保护的珍稀动物有26种。重庆市共有湿地高等植物707种，国家Ⅰ级保护植物1种，国家Ⅱ级保护植物4种。

(6)湿地的土地权属以国有权属为主。

重庆市湿地权属分为国有和集体，其中国有权属占调查湿地总面积的96.67%，集体权属占3.33%。河流湿地、湖泊湿地、沼泽湿地以及人工湿地均主要以国有权属为主。湿地权属的确定，决定了将来湿地管理的主体对象(表2-17)。

表 2-17 各湿地类型的权属表

湿地类	湿地类型	土地所有权	湿地面积(公顷)	占湿地总面积比例(%)
总 计			207151.00	100
河流湿地	永久性河流	国有	85002.58	41.03
	洪泛平原湿地	国有	2287.18	1.10
湖泊湿地	永久性淡水湖	国有	263.49	0.13
沼泽湿地	草本沼泽	国有	42.29	0.02
	沼泽化草甸	国有	19.72	0.01
人工湿地	库 塘	国有	112066.91	54.10
		集体	5802.54	2.80
	运河/输水河	国有	575.19	0.28
		集体	420.48	0.20
	水产养殖场	集体	670.62	0.32

(7)湿地受干扰强度大。

重庆市是全国人口密度最高的省(市)之一，境内各类湿地遭受了人类社会生产生活所带来的巨大威胁。近年来，随着人口持续增长、工业化发展不断加快、城市规模加速扩张、农民生产生活方式逐渐转变，人类社会对湿地的开发利用达到了空前的强度，加之农业生产使用的化肥农药带来的面源污染，工业企业直排废水严重污染江河湖泊，传统种植技术落后、治理不善都使得湿地生态环境加速恶化、恢复困难。

(8)湿地利用率低，管理与开发起步较晚。

当前，湿地对人们来说仍然是一个较陌生的事物，其价值还未能得到社会各界的充分认识。由于基础研究薄弱、法制不健全、社会认识不到位等原因，导致湿地资源开发利用率低。湿地景观与特色文化挖掘不够，湿地旅游功能亟待升华。湿地花卉开发利用不足，特别湿地动植物种养殖业不发达，技术手段落后，产品附加值低，极大地影响了湿地利用价值的充分发挥。

2 湿地分布规律

从重庆的 5 个二级流域分布来看，重庆湿地主要分布在宜宾至宜昌流域，占全市湿地总面积的 71.97%；其次是嘉陵江流域、乌江流域、洞庭湖水系流域，分别占全市湿地总面积的 14.83%、8.21%、2.68%；岷沱江流域的湿地面积最小，占全市湿地总面积的 2.30%。

从湿地类型来看，全市人工湿地的面积最大，占湿地总面积的 57.70%；其次是河流湿地，占全市湿地总面积的 42.14%；湖泊湿地和沼泽湿地的面积较小，分别占全市湿地总面积的 0.13% 和 0.03%，因此，全市湿地以人工湿地和河流湿地两大类为主。其中，人工湿地主要分布在宜宾至宜昌流域，该流域内人工湿地面积占全市人工湿地总面积的 87.25%，其余人工湿地小面积分布在其他 4 个流域内；河流湿地主要分布在宜宾至宜昌流域、嘉陵江流域、乌江和岷沱江流域，该 4 个流域内河流湿地面积分别占全市河流湿地面积的 51. 31%、26. 86%、14. 27% 和 2. 38%，洞庭湖水系流域内河流湿地面积较小，只占全市河流湿地面积的 5. 17%；沼泽湿地在全市面积较小，仅在宜宾至宜昌流域、嘉陵江流域及乌江流域等 3 个流域内零星分布；湖泊湿地在全市仅有一处，位于乌江流域。

第三章 湿地生物资源

第一节 湿地植物和植被

1 湿地植物区系和植物种类

1.1 重庆市湿地植物物种数量组成分析

重庆市湿地植物物种统计，蕨类植物统计按照秦仁昌系统，裸子植物统计按照郑万钧系统，被子植物统计按照恩格勒系统。据初步统计，重庆市共有湿地植物 707 种，隶属于 128 科 368 属。其中，苔藓植物 42 种，隶属于 23 科 29 属，蕨类植物 65 种，隶属于 20 科 33 属；裸子植物 3 种，隶属于 1 科 3 属；被子植物 597 种，隶属于 84 科 303 属。

1.1.1 科级统计分析

含有 30 种以上的科有 3 个，即禾本科、菊科和莎草科，占总科数的 2.3%，共有 175 种，隶属 86 属，分别占总属数的 21.9% 和总种数的 24.8%；含 10~30 种的科有 10 个，共 164 种，隶属 82 属，分别占总属数的 20.9% 和总种数的 23.2%；含 10 种以下的科有 118 个，共 368 种，隶属 207 属，分别占总属数的 52.7% 和总种数的 52.1%，其中仅含 1 种的科计 34 个，占总科数的 26.0%。含 5 属以上的科有 16 个，其中，前十个科依次排列是：禾本科 46 属、菊科 31 属、豆科 14 属、大戟科 12 属、唇形科 11 属、蔷薇科 10 属、莎草科 9 属、伞形科 8 属、天南星科 8 属、荨麻科 8 属、虎耳草科 8 属。此 10 科按照所含种数的多少依次排列是：禾本科 81 种、菊科 50 种、莎草科 44 种、荨麻科 22 种、豆科 21 种、蔷薇科 19 种、大戟科 19 种、唇形科 19 种、伞形科 12 种、天南星科 11 种。

1.1.2 属级统计分析

含 10 种以上的属有 2 个，占总属数的 0.5%，其中，蓼属 14 种、莎草属 12 种；含 5~9 种的属 23 个，占总属数 5.9%，如凤仙花属 9 种、悬钩子属 8 种、凤尾蕨属 7 种、大戟属 6 种、灯心草属 5 种等；含 3 或 4 种的属共 50 个，占总属数的 13.3%，如马唐属 4 种，珍珠菜属 3 种等；其余 300 属，每属仅含 1 或 2 种，占总属数的 80.0%。

1.1.3　种级统计分析

按照植物生活型来划分，在707种湿地植物中，乔木、灌木、木质藤本仅有81种，占总种数的11.5%，主要集中在蔷薇科、金缕梅科、豆科。草本植物占绝对优势，共有520种，占总种数的73.6%。

湿地内分布的植物按照生活型可进一步划分为沉水植物、漂浮植物、浮叶植物、挺水植物和湿生植物。经野外调查，常见种类包括：

(1)沉水植物：苦草、细叶狸藻、金鱼藻、穗花狐尾藻、狐尾藻、黑藻、小叶眼子菜、眼子菜、菹草、水车前、黄花狸藻等。

(2)漂浮植物：菱角、凤眼莲、水葫芦苗、浮萍、紫萍、槐叶苹、苹等。

(3)浮叶植物：苹、满江红、荇菜、芡实、睡莲、毛茛、莼菜、喜旱莲子草、泽苔草、水烛、香水莲、黄花蔺、鸭舌草、鸭跖草等。

(4)挺水植物：芦竹、芦苇、莲、碎米莎草、荆三棱、水葱、菖蒲、慈姑、泽泻、灯心草等。

(5)湿生植物：稗、狗尾草、牛筋草、马唐、知风草、芒、小白酒草、一年蓬、黄花蒿、大蓟、马兰、钻叶紫菀、狗牙根、牛膝等。

1.2　重庆湿地种子植物分布区特点

1.2.1　科的分布区特点

根据李锡文关于中国种子植物科的分布区类型划分，对重庆市湿地种子植物85科进行归类统计(表3-1)。根据表可知，该区种子植物的科共分为8个分布区类型及6个变型，其中世界分布31科，占总种子植物科数的36.47%；热带分布科32科，占总科数的37.67%；温带分布科18科，占总科数的21.18%。可见，重庆市湿地种子植物科的分布类型具有明显热带区系和温带区系性质。在水生植被中除了上述地带性成分外，往往发育着隐域的区系成分或称非地带性的区系成分。如豆科、藤黄科、小二仙草科等都是较为典型的隐域性区系成分。

表3-1　重庆湿地种子植物科的分布区类型统计表

分布区类型	科数(个)	占总种子植物科数比例(%)
1. 世界分布	31	36.47
2. 泛热带分布	26	30.59
2-1. 热带亚洲，大洋洲(至新西兰)和中南美洲(或墨西哥)间断	1	1.18
2-2. 热带亚洲，非洲和中南美洲间断	1	1.18
3. 热带亚洲和热带美洲间断分布	1	1.18
4. 旧世界热带	1	1.18
4-1. 热带亚洲，非洲(或东非，马达加斯加)和大洋洲间断	1	1.18
7. 热带亚洲(印度—马来西亚)分布	1	1.18
8. 温带分布	12	14.12
8-4. 北温带和南温带间断“泛温带”	5	5.88

（续）

分布区类型	科数（个）	占总种子植物科数比例（%）
8-6. 地中海，东亚，新西兰和墨西哥—智利间断	1	1.18
9. 东亚及北美洲间断分布	2	2.35
10. 旧世界温带分布	1	1.18
10-3. 欧亚和南部非洲（有时也在大洋洲）间断	1	1.18
合　计	85	100

1.2.2　属的分布区特点

根据吴征镒（1991）的中国种子植物属分布类型的划分系统，将重庆市湿地种子植物306属划分为以下的分布区类型（表3-2）。中国的种子植物属共有15个分布区类型，而此次调查发现，在重庆市这15个类型均有分布（表3-2）。世界分布类型有52属，占总属数的16.99%；泛热带、旧世界热带等6个热带分布类型共有139属，占总属数的45.43%，其中泛热带分布类型有77属，占总属数的25.16%；北温带分布类型有51个属，占总属数的16.67%；体现了重庆市湿地种子植物区系明显的热带和温带性质。在水生植被中除了上述地带性成分外，往往发育着隐域的区系成分或称非地带性的区系成分。如糯米团属、水罂粟属、小苦荬属、梭鱼草属、再力花属等都是较为典型的隐域性区系成分。

本次调查表明，重庆市湿地种子植物区系中属于中国特有成分的属有6个，分别为杉木属、裸蒴属、水杉属、慈竹属、山拐枣属、虾须草属。

表3-2　重庆湿地种子植物属的分布类型统计表

分布区类型及变型	属数（个）	占总种子植物属数比例（%）
1. 世界分布	52	16.99
2. 泛热带分布	75	24.51
2-2. 热带亚洲、非洲和南美洲间断	2	0.65
3. 热带亚洲和热带美洲间断分布	6	1.96
4. 旧世界热带分布	16	5.23
4-1. 热带亚洲、非洲和大洋洲	1	0.33
5. 热带亚洲至大洋洲分布	9	2.94
6. 热带亚洲至热带非洲分布	12	3.92
6-2. 热带亚洲和东非间断	1	0.33
7. 热带亚洲（印度—马来西亚）分布	15	4.90
7-1. 爪哇（或苏门答腊）、喜马拉雅至中国华南、西南间断或星散分布	1	0.33
7-3. 缅甸、泰国—中国西南	1	0.33
8. 北温带分布	37	12.09

（续）

分布区类型及变型	属数(个)	占总种子植物属数比例(%)
8-4. 北温带和南温带间断	12	3.92
8-5. 欧亚大陆和温带南美洲间断	1	0.33
8-6. 地中海、东亚、新西兰和墨西哥到智利间断	1	0.33
9. 东亚和北美洲间断分布	13	4.25
10. 旧世界温带分布	13	4.25
10-1. 地中海、西亚和东亚间断	2	0.65
10-2. 地中海和喜马拉雅间断	1	0.33
11. 温带亚洲分布	3	0.98
12 地中海、西亚至中亚分布	1	0.33
12-1. 地中海至中亚和南部非洲、大洋洲间断	1	0.33
13. 中亚分布	1	0.33
14. 东亚分布	23	7.52
15. 中国特有分布	6	1.96
合　计	306	100

1.3　国家重点保护野生湿地植物

调查发现，重庆市内国家重点保护野生湿地植物共有 4 种，均为国家 Ⅱ 级保护植物，其中有 1 种为中国特有种，见表 3-3。此外，此次野外调查中还发现人工栽培的国家 Ⅰ 级保护植物水杉、莼菜等。

表 3-3　野外调查发现的国家重点保护野生湿地植物

物种名称	保护等级	中国特有	野外调查发现地区
浮叶慈姑 *Brasenia schreberi*	Ⅱ		开县、云阳以及部分长江沿岸
野菱 *Trapa incisa* var. *quadricaudata*	Ⅱ	√	开县、云阳以及部分长江沿岸
莲 *Nelumbo nucifera*	Ⅱ		各区县基本都有分布
金荞麦 *Fagopyrum dibotrys*	Ⅱ		大部分区县基本都有分布

2　湿地植被类型和分布

依据植被型组—植被型—群系的分类系统，通过对全市湿地 992 个样方调查发现，重庆市湿地植被共有 5 个植被型组，13 个植被型，233 个群系。常见的植被类型和分布状况如下：

2.1　针叶林湿地植被型组

2.1.1　暖性针叶林湿地植被型

(1)池杉群系。主要分布于湖泊的边缘，在多数区县分布，均为人工栽种。常见伴生种有狐尾藻、慈姑、喜旱莲子草等。

(2)水杉群系。人工栽培物种，调查中主要发现于重庆小安溪湿地公园，常在湖边形成优势群落。

2.2　阔叶林湿地植被型组

2.2.1　落叶阔叶林湿地植被型

(1)垂柳群系。全市广泛分布，主要生长在堤岸上，多为小型群落，多人工栽培。常见伴生种有马唐、苍耳、藜、小白酒草等。

(2)刺槐。全市广泛分布，人为栽种或自然形成。盖度在70%左右，伴生种有狗牙根、小白酒草、牛筋草、苍耳等。

(3)枫杨群系。该群系全市广泛分布，人工栽培或自然形成，常见于湖岸河边，乔木层高度平均约为25米。常见伴生种有魁蒿、竹叶草、苎麻、紫苏、牛膝等。

(4)栾树群系。主要分布于三峡库区巫山段，自然生长或人工栽培皆有。河岸湖滨常见。高度平均约4.5米。常见伴生种有马兰、狗尾草、栽秧泡、小白酒草、葎草等。

(5)杨树群系。杨树是北方常见树种，此次调查于重庆小安溪湿地公园发现，多人工栽种。乔木层平均冠幅在6平方米，高度平均约20米。常见伴生树种种有水杉、紫薇、桑等，草本有麦冬、牛膝等。

2.2.2　常绿阔叶林湿地植被型

(1)秋枫群系。主要为栽培物种。调查主要发现于重庆小安溪湿地公园。冠层冠幅平均约9平方米，高度平均约12米，随林龄变化而差异较大。林下可常见物种有风眼莲、火炭母、喜旱莲子草等。

2.2.3　竹林湿地植被型

(1)慈竹群系。全市均有分布，多见于河岸、湖边，高度在10~13米。常见的伴生种有竹叶草、葎草、狗牙根等。

(2)麻竹和慈竹群系。主要分布在三峡库区石柱段自然保护区，多见于江岸边缘。平均高度为14米，冠层平均冠幅为6平方米。常见伴生种有狗牙根、葎草等。

(3)水竹群系。多分布于丰都、忠县、云雾山国家湿地公园等地，在江岸边缘荒地常见。伴生种组要有狗尾草、葎草、狗牙根等。

(4)孝顺竹群系。调查在重庆小安溪湿地公园发现成群分布，多见于溪流的边缘荒地。常见的伴生种有喜旱莲子草、土牛膝、水蓼等。

(5)硬头黄竹群系。主要在黄岭鹭类自然保护区和重庆小安溪湿地公园有分布，多见于溪的边缘，主要伴生种有水蓼、喜旱莲子草、牛鞭草等。

2.3 灌丛湿地植被型组

2.3.1 落叶阔叶灌丛湿地植被型

(1)长叶水麻群系。该群系分布较广，可见于江、湖岸边，盖度可达80%，高度约1.2米左右。常见伴生种有升马唐、小白酒草、黄花酢浆草、龙葵等。

(2)黄荆群系。全市重点湿地范围内的常见分布类型，水岸边可见。平均高度约1.5米。常见伴生种有山麻杆、小白酒草、马兰、栗褐薹草、竹叶草等。

(3)火棘群系。全市重点湿地范围内的常见分布类型，多分布于水边荒地。常见伴生种有黄花蒿、丝茅、硬杆子草、狗尾草等。

(4)马桑群系。主要分布在海拔较高的地区，如城口大巴山自然保护区，海拔1458米左右，多见于河流两岸。常见的伴生种有白苞蒿、千里光、老鹳草、繁缕、尼泊尔蓼等。

(5)桑群系。在重庆市重点湿地范围内分布广泛，主要为人工栽种。平均高度在1.6米左右。其伴生种主要有水蓼、马兰、升马唐等。

(6)巢丝花群系。主要分布在南川，常见于干涸的河床上。其平均高度约1.7米。伴生种主要有黄泡、火棘、路边青、知风草、糯米团、白花败酱等。

(7)山麻杆群系。主要分布在三峡巫山段湿地自然保护区，常见于江两岸边缘近水区。常见的伴生种有山麻杆、金色狗尾草、小白酒草、黄花酢浆草、雀稗等。

(8)乌泡子群系。主要分布于重庆迎风湖国家湿地公园，多见于湖岸边缘。平均高度在1.2米左右。常见的伴生种有荩草、蜈蚣草等。

2.3.2 常绿阔叶灌丛湿地植被型

(1)中华蚊母群系。沿三峡库区湿地有小块分布。常见的伴生种主要有苍耳、荩草、狗尾草、小白酒草、十字马唐等。

(2)小叶蚊母群系。主要分布于三峡库区的万州、巫山巫峡及长江支流区域的巫山小三峡、彭水秀山等地。

2.4 草丛湿地植被型组

2.4.1 莎草型湿地植被组

(1)荸荠群系。多见于重庆三峡阳水河湿地自然保护区和重庆青山湖湿地公园，大多生长在小水塘边缘。群落盖度高达95%，高度在0.4米左右。常见的伴生种有矮慈姑、水芹、浮萍等。

(2)藨草群系。主要分布于重庆阿蓬江国家湿地公园和三峡水库湿地(长寿段)，多见于河边草滩。群落盖度可达90%以上，高度在0.9米左右。伴生种主要有野慈姑、喜旱莲子草、母草等。

(3)三棱藨草群系。主要发现于重庆濑溪河国家湿地公园和大洪湖，多分布于岛岸边缘。可形成单优势种群落，盖度可达98%，高度在0.9米左右。

(4)大密穗莎草群系。在长江三峡云阳小江段湿地自然保护区有发现，主要分布于岛屿岸近水边。群落盖度约65%左右，平均高度0.3米。常见伴生种有碎米莎草、光头稗子、狗牙根、鳢肠、苍耳等。

(5)碎米莎草群系。在全市范围内广泛分布，主要生长在江边、河边湖边、沟边等潮湿处。群落盖度在65%左右，平均高度约0.3米。主要的伴生种有喜旱莲子草、稗、齿果酸模、牛筋草等。

(6)毛轴莎草群系。全市生产分布较为广泛，主要生长在岸边荒地。群落盖度约70%左右，平均高度在0.4米左右。主要伴生种有青葙、秋分草、牛筋草、糠稷、升马唐等。

(7)栗褐薹草群系。调查中主要发现于长寿湖和大洪湖，多沿岸分布，有季节性水淹。群落盖度大于60%，高度在0.6米左右。常见伴生种有狗牙根、牛鞭草、短叶决明、叶下珠等。

(8)两歧飘拂草群系。在重庆小南海湿地自然保护区和濑溪河国家湿地公园等地区发现，主要生长湖泊边缘等潮湿之地，易形成单一优势种群落，盖度可达96%，高度在0.3米左右。也可见伴生有鱼秋串、蜜柑草、喜旱莲子草等。

(9)球穗飘拂草群系。全市广泛分布，主要生于河边、湖边等湿润区域，易形成单优势种群落，盖度在80%，高度约0.6米。

(10)萤蔺群系。调查主要发现于重庆小南海湿地自然保护区和三峡库区石柱段湿地自然保护区，主要生于河边、沟边边等湿润区域。群落盖度在85%，高度约0.6米。常见伴生种有牛毛毡、圆叶节节菜、假稻等。

2.4.2　禾草型湿地植被型

(1)稗群系。全市广泛分布，多见于湖、江、河流等的边缘潮湿处。易形成单一优势种群落，其盖度达80%，平均高度约1.4米。也可见少量伴生种，如秋分草、柳叶丁香蓼、喜旱莲子草、鳢肠等。

(2)狗尾草群系。全市广泛分布，多见于湖、江、河流等的边缘潮湿处。易形成单一优势种群落，其盖度达80%，平均高度约0.5米。

(3)狗牙根群系。最常见的湿地植被群系之一。多见于沿湖、江、河流等的边缘。群落盖度约90%，高度在0.15米左右。易形成单一优势种。群落边缘常见扁穗莎草、水蓼、喜旱莲子草、短叶决明、黄花蒿等伴生。

(4)光头稗子群系。分布较为广泛，湖、江、河流等的边缘常见。盖度约60%左右，高度0.4米左右。常见伴生种有牛筋草、毛臂形草、莲子草、鳢肠等。

(5)假稻群系。全市广泛分布，多生长于湖、江、河流等的边缘，易形成单优势种群落。盖度达98%，高度约0.5米。

(6)茭笋群系。分布较为广泛，多人工栽种。其盖度达80%，平均高1.8米。形成单优势种群落。群落边缘常见假稻、喜旱莲子草、水蓼等伴生。

(7)荩草群系。最常见的湿地植被群系之一。多见于沿湖、江、河流等的边缘。其盖度可达85%，平均高0.8米。伴生种有山蚂蝗、狼尾草、小鱼仙草等。

(8)狗尾草群系。最常见的湿地植被群系之一。多见于沿湖、江、河流等的边缘。其盖度可达90%，平均高0.3米。易形成单一伴优势种群落，在群落边伴生种有青蒿、毛轴莎草、篱天剑等。

(9)芦竹群系。全市广泛分布。多见于沿湖、江、河流等的边缘。盖度95%左右，高度可达2.5米。易形成单一优势种群落，群落边缘常见伴生种有小白酒草、喜旱莲子草等。

(10)双穗雀稗群系。最常见的湿地植被群系之一，多见于沿湖、江、河流等的边缘。单优势种群落盖度可达95%，高度约0.4米左右。群落中也有少量双穗雀稗、鳢肠、水蜈蚣、升马唐、水蓼等伴生种。

(11)矛叶荩草群系。全市湿地广泛分布，多见于沿湖、江、河流等的边缘。易形成单一优势种群落，盖度达到90%以上，高度约0.4米。

(12)牛鞭草群系。最常见的湿地植被群系之一，多见于沿湖、江、河流等的边缘。其盖度约75%，平均高0.4米。常见伴生种有狗尾草、牛筋草、狗牙根、稗等。

(13)牛筋草群系。全市湿地广泛分布，多见于沿湖、江、河流等的边缘。其盖度约80%，平均高0.5米。常见伴生种有狗牙根、马唐等。

(14)千金子群系。全市湿地广泛分布，多见于沿湖、江、河流等的边缘。其盖度约70%，平均高0.6米。常见伴生种有鳢肠、光头稗子、牛筋草、苍耳等。

(15)升马唐群系。全市湿地广泛分布，多见于沿湖、江、河流等的边缘。其盖度约80%，平均高0.6米。鳢肠、狗尾草、毛臂形草、牛筋草、青蒿为其常见伴生种。

2.4.3 杂类草湿地植被型

(1)黑三棱+莲群系。调查发现于重庆开县彭溪河湿地自然保护区，多生长在水田边缘。群落盖度在80%左右，黑三棱的平均高度为0.6米，莲的平均高度为0.9米。常见的伴生种有鸭舌草、水毛花、矮慈姑、紫萍等。

(2)白苞蒿群系。全市湿地常见湿地群系，多见于沿湖、江、河流等的边缘及荒坡。其盖度达90%，高度0.9米左右。常见伴生种有灯心草、糯米团、白花败酱草、马兰、水蓼等。

(3)苍耳群系。全市湿地广泛分布，多见于沿湖、江、河流等的边缘及荒坡。易形成单一优势种群落，其盖度高于90%，平均高度约1.2米。在群落的边缘也可见山莴苣、白苞蒿、尾穗苋、升马唐等伴生种。

(4)长萼鸡眼草群系。分布较为广泛，主要生长于沿湖、江、河流等的边缘，呈斑块状。群落盖度95%左右，常见伴生种有香附子、马唐、铁苋菜、苍耳等。

(5)慈姑群系。分布较为广泛，主要生长于静水中，多为人工栽培。群落盖度在80%左右，平均高0.4米。常见伴生种有双穗雀稗、喜旱莲子草、圆叶节节菜等。

(6)地瓜藤群系。全市湿地广泛分布，主要生长在水边潮湿处。其盖度在80%左右，平均高0.1米。常见伴生种有乌蔹莓、野胡萝卜、荩草、黄花蒿等。

(7)杠板归群系。全市湿地广泛分布，多见于沿湖、江、河流等的边缘及荒坡。易形成单一优势种群落，其盖度约70%，平均高度约0.4米。也有少量伴生种，如牛筋草、狗牙根、牛鞭草等。

(8)狼把草群系。全市湿地广泛分布，多见于沿湖、江、河流等的边缘及荒坡。易形成单一优势种群落，其盖度约90%，平均高度约1.8米。也有少量伴生种，如白苞蒿、升马唐、葎草等。

(9)鳢肠群系。全市湿地常见湿地群系，多见于沿湖、江、河流等的边缘及荒坡。其盖度约60%，平均高0.4米。常见伴生种有牛筋草、升马唐、聚穗莎草、路边青等。

(10)葎草群系。全市湿地广泛分布，多见于沿湖、江、河流等的边缘及荒坡土壤潮湿处。易形成单一优势种群落，其盖度约75%，平均高度约0.4米。也有少量伴生种，如小鱼仙草、田皂角、狗牙根等。

(11)青葙群系。全市湿地广泛分布，多见于沿湖、江、河流等的边缘及荒坡。易形成单一优势种群落，其盖度约85%，平均高度约1.1米。也有少量伴生种，如牛鞭草、小白酒草、狗牙根等。

(12)石菖蒲群系。分布较为广泛，多生长在沟边土壤潮湿处，多石头。其盖度在50%左右，平均高0.4米。伴生物种少，主要为喜旱莲子草。

(13)水蓼群系。全市湿地常见湿地群系，多见于沿湖、江、河流等的边缘。其盖度约85%，平均高0.9米。常见伴生种有喜旱莲子草、狗牙根、牛筋草、狗尾草等。

(14)小白酒草群系。全市湿地广泛分布，多见于沿湖、江、河流等的边缘及荒坡。易形成单一优势种群落，其盖度约85%，平均高度约1.5米。也有少量伴生种，如牛鞭草、荩草、狗牙根、水蜈蚣等。

(15)紫苏群系。全市湿地广泛分布，多见于沿湖、江、河流等的边缘及荒坡。易形成单一优势种群落，其盖度约90%，平均高度约0.8米。也有少量伴生种，如牛筋草、牛鞭草、狗牙根等。

(16)雾水葛群系。雾水葛是全市常见物种，但其群系多见于重庆云雾山国家湿地公园和小安溪国家湿地公园的水库边缘。其盖度多在90%以上，平均高度约0.4米。伴生种主要有鬼针草、喜旱莲子草、白苞蒿、硬杆子草、苍耳等。

(17)苎麻群系。在三峡库区巫山段、忠县段沿江有小块分布。其盖度达90%，平均高度1.1米。伴生种多为白苞蒿、升马唐、黄花酢浆草、稗等。

2.5　浅水植物湿地植被型

2.5.1　漂浮植物型

(1)凤眼莲群系。调查主要发现于三峡库区忠县段湿地自然保护区，主要生长在长江边缘的浅水区。多为单一优势种群落，其盖度达95%，平均高0.3米。有少量的空心莲子草为其伴生种。

(2)浮萍+紫萍群系。调查发主要发现于青湖山国家湿地公园，主要生长在静水中。浮萍的盖度达60%，紫萍的盖度约50%，其高度都约为0.01米。常无伴生种。

(3)浮萍群系。全市湿地常见湿地群系，主要生长在静水或淤泥中。其盖度为80%~100%，常为单一优势种，偶有喜旱莲子草为其伴生种。

(4)菱角群系。调查主要发现于重庆开县彭溪河湿地自然保护区，为人工栽培或野生。其盖度达98%，高度约0.2米。金鱼藻为其主要伴生种。

(5)水葫芦群系。全市湿地常见湿地群系，主要生长在静水中或浅水区。其盖度达95%，常为单一优势种，偶有喜旱莲子草、水蓼为其伴生种。

2.5.2　浮叶植物型

(1)喜旱莲子草群系。全市湿地广泛分布。易形成单一优势种群落，其盖度达95%，平均高度约0.5米。也有少量伴生种，如水蓼、杠板归、小白酒草等。

(2)莲群系。全市湿地广泛分布，均为人工栽种。易形成单一优势种群落，其盖度为 85%，平均高度约 0.9 米。也有少量伴生种，如喜旱莲子草等。

(3)满江红群系。调查主要发现于重庆三峡库区忠县段湿地自然保护区，多生长在废弃农田中。易形成单一优势种群落，其盖度达 98%。

(4)泽苔草群系。调查主要发现于重庆彩云湖国家湿地公园。其盖度为 92%，平均高约 0.7 米。伴生种主要是狐尾藻。

(5)水烛群系。调查主要发现于重庆彩云湖国家湿地公园。其盖度为 98%，平均高约 2.1 米。常形成单一优势种群落。

(6)鸭舌草群系。全市湿地常见湿地群系，多见于静水边缘或废弃农田中。其盖度达 90%，平均高为 0.3 米。伴生种主要有假稻、喜旱莲子草等。

(7)鸭跖草群系。全市湿地常见湿地群系，多见于静水边缘潮湿处。其盖度达 90%，平均高为 0.4 米。伴生种主要有荩草、喜旱莲子草等。

2.5.3 沉水植物型

(1)黑藻群系。分布较广泛，多见于水田边缘、小水沟或静水浅水区。其盖度达 98%，多形成单一优势种群落。

(2)狐尾藻群系。调查主要见于重庆龙水湖湿地公园、濑溪河国家湿地公园及彩云湖国家湿地公园，多生长在湖泊静水中。常形成单一优势种群落，盖度约为 70%。

(3)黄花狸藻群系。调查主要发现于重庆云雾山国家湿地公园，多生长在废弃农田局部积水处。常形成单一优势种，其盖度达 80%，平均高为 0.1 米。

(4)金鱼藻群系。全市湿地常见湿地群系，多见于浅滩沼泽地。其盖度达 95%，平均高为 0.8 米。伴生种主要有水葫芦、浮萍等。

(5)苦草群系。调查主要见于濑溪河国家湿地公园，多生长在河流中。常形成单一优势种群落，盖度高达 98%，平均高为 0.9 米。

(7)眼子菜群系。调查主要见于重庆开县彭溪河湿地自然保护区，多生长在溪边小积水池中。其盖度约 75%，平均高为 0.15 米。主要伴生种有金鱼藻、喜旱莲子草、稗等。

(8)菹草群系。调查主要见于重庆阿蓬江国家湿地公园，多生长在静水池塘中。其盖度约 75%，平均高为 0.5 米。主要伴生种为黑藻等。

2.6 苔藓湿地植被型

(1)葫芦藓群系。调查主要发现于城口大巴山自然保护区，其他地方多为伴生种 。群落为单一优势种群落，盖度高达 98%。

(2)石地钱群系。调查主要发现于城口大巴山自然保护区，其他地方多为伴生种 。群落为单一优势种群落，盖度高达 95%，偶尔有葫芦藓为其伴生种。

(3)泥炭藓群系。该群系在重庆市主要分布于山地湿润地区或沼泽中，多成大面积垫状单一的植物群落。

第二节 湿地动物资源

1　湿地野生动物种类和特点

1.1　种类组成

重庆市湿地脊椎动物有563种，隶属于5纲36目118科340属。其中鱼纲8目19科93属159种；两栖纲2目10科19属39种；爬行纲2目11科22属33种；鸟纲16目53科146属256种；哺乳纲8目25科60属76种。

1.2　湿地野生动物资源特点

1.2.1　野生动物资源丰富

由于长江三峡电站的兴建、三峡库区的形成，近几年来重庆市湿地范围逐渐扩大。结合文献资料和本次湿地资源调查，湿地脊椎动物与全市同类物种组成情况见表3-4。

表3-4　重庆湿地脊椎动物基本情况

分　类	重庆市湿地脊椎动物			重庆市脊椎动物		
	目	科	种	目	科	种
鱼　类	8	19	159	9	20	173
两栖类	2	10	39	2	10	54
爬行类	2	11	33	2	12	61
鸟　类	16	53	256	16	53	432
兽　类	8	25	76	8	32	146
合　计	36	118	563	37	127	866

在重庆市湿地范围内，湿地脊椎动物种类各纲占重庆市脊椎动物各纲的比重不同：湿地脊椎动物目、科、属、种分别占全市已知脊椎动物目、科、属、种数的97.30%、93.70%、96.77%、64.96%；其中湿地鱼类种数占全市鱼类总种数的91.91%，两栖类占72.22%，爬行类占54.10%，鸟类占59.26%，兽类占52.05%。由此看出，湿地对水生动物是一个重要的栖息、取食、繁殖的重要场所，对陆生脊椎动物，也是重要的分布区，因此湿地生态系统的保护与建设，对动植物多样性的保护具有重要意义。

1.2.2　珍稀保护物种种类较多

据本次湿地调查记载的563种动物中，有国家重点保护的珍稀保护动物26种，其中国家Ⅰ级保护动物有中华鲟、达氏鲟、白鲟、东方白鹳、林麝5种；国家Ⅱ级保护动物有胭脂鱼、大鲵、赤颈䴙䴘、白琵鹭、黑脸琵鹭、大天鹅、小天鹅、鸳鸯、黑鸢、红隼、松雀鹰、雀鹰、苍鹰、普通鵟、红脚隼、领角鸮、灰林鸮、领鸺鹠、斑头鸺鹠、长耳鸮、短耳鸮等。

在湿地鱼类中，属于国家Ⅰ级保护动物的有中华鲟、达氏鲟和白鲟3种。中华鲟曾是长江上游的主要经济鱼类，葛洲坝水电站阻断了它的洄游通道后，阻隔在长江上游的群体几乎绝迹。目前，三峡库区尚存个别个体，已成为IUCN红色名录濒危(EN)等级。中国水产科学院长江水产研究所2009年6月16日从湖北省运来人工养殖的中华鲟205尾在重庆市渝中区珊瑚坝江段放流试验，取得了一定成效。白鲟，IUCN红色名录极危(CR)等级，已多年无捕获记录。达氏鲟是长江上游定居型鱼类，目前资源极少，处于濒危状态；国家Ⅱ级保护鱼类胭脂鱼，已建立了重庆北碚胭脂鱼自然保护区，开展移养驯化研究成功，并向三峡库区投放鱼苗，资源有所恢复，幼鱼在渔获物中的捕获量有一定提高。

为了保护长江上游珍稀特有鱼类的栖息环境，保护产卵场、越冬场和幼鱼索铒场，我市已在长江上游建立了长江上游珍稀特有鱼类国家级自然保护区。

栖息于三峡库区的重庆重要经济鱼类是草鱼、鲢、鳙、鲤、铜鱼、圆口铜鱼、南方鲇、鲇，和以黄颡鱼为主的黄颡属、拟鲿属、鲿科鱼类及翘嘴鲌、鮠属、蒙古鲌等鲌亚科鱼类，约占渔获物的80%以上。

此外，长吻鮠、岩原鲤、中华倒刺鲃、华鲮等肉质好的名贵经济鱼类，由于过度捕捞，特别是电捕，种群数量变少，资源严重下降。

2003年，三峡水库136米水位，2006年4月达到156米，蓄水以来，淹没区水草繁茂，以小米虾、日本沼虾为主的虾类快速繁衍，尤以巫山、万州江段为盛，形成了捕鱼捕虾的渔热潮。在部分库区湿地，由于农田耕地淹没，土地养料渗出，给各支流带来了大量养分(N、P、K)，使澎溪河下游、大宁河下游于2006年开始出现富营养化现象，这种环境迎合银鱼的喜好，银鱼繁殖能力超强，时至今日，大宁河部分河段，广泛捕捞银鱼，已形成产业。

湿地有哺乳动物76种，国家Ⅱ级保护动物有10种，水獭数量较少，栖息岸边岩穴，以鱼为食。此外，还有猕猴、黑叶猴、小灵猫等，常活动于湿地边缘林绿地带、巫山大宁湿地自然保护区内猕猴多达千只，成为人们旅游观赏一景。

2 常见湿地动物种类

鸟类是滩涂湿地野生动物中最具代表性的类群，三峡水库建成后，这里的越冬水禽成为了湿地生态系统的重要组成部分。重庆湿地常见的鸟类有鹭科的苍鹭、白鹭、池鹭、夜鹭、牛背鹭、黑苇鳽、栗苇鳽等，尤以白鹭数量最多，是优势种；鸭科有绿头鸭、绿翅鸭、斑嘴鸭、赤麻鸭、普通秋沙鸭等；绿头鸭、绿翅鸭是优势种，而翘鼻麻鸭种群数量较小，比较少见。在长寿湖黑水鸡、白骨顶较常见。鸬鹚在冬季比较常见，调查发现2006年3月有300余只鸬鹚群居在长寿湖石岛上。越冬候鸟有红嘴鸥、普通燕鸥等。2010年2月8～13日，在石柱县桥头镇藤子沟水库拍摄到了国家Ⅰ级保护动物中华秋沙鸭4只，其中1张照片还发现中华秋沙鸭和鸳鸯混群，这是重庆市首次用照相机记录到其实体，也是重庆市的首次发现和报道。2010年9月7日在长寿区龙溪河下游河滩发现了32只黑翅长脚鹬，比较罕见。三峡支流常见水鸟有白鹡鸰、灰鹡鸰、白顶溪鸲、红尾水鸲、环颈鸻、白腰草鹬、矶鹬、金眶鸻等。

鱼类是脊椎动物中最具多样性的类群，几乎栖居于地球上所有的水生环境。重庆鱼类资源丰富，常见淡水鱼有草鱼、鲢鱼、鲫鱼等鱼种，也有白鲟、达氏鲟、中华鲟等长江特有鱼类，还有铜鱼、长吻鮠、华鲮、鲇鱼等经济鱼类。

重庆常见的两栖类有中华大蟾蜍、华西大蟾蜍。中华大蟾蜍广泛分布，数量最多，华西大蟾蜍，数量较少；黑斑侧褶蛙、湖北侧褶蛙也是湿地常见种类；泽陆蛙数量多，广泛分布；饰纹姬蛙、合征姬蛙个体小，数量多。

重庆爬行类常见有中华鳖，广泛分布；蛇目中常见者是黑眉锦蛇、赤链蛇、乌梢蛇、虎斑颈槽蛇等。

2.1　湿地鸟类

2.1.1　种类和分布

重庆市有湿地鸟类256种，隶属于16目53科146属。其中雀形目种类最多，有147种，其次是雁形目25种和鸻形目19种。重点保护的鸟类有国家Ⅰ级保护1种，国家Ⅱ级保护24种。重庆市级保护鸟类16种，各目鸟类种数及其所占的比例见表3-5。

表3-5　重庆湿地鸟类目科组成

目　名	科　数	物种数	所占比例
1. 䴙䴘目	1	4	1.56%
2. 鹈形目	1	1	0.39%
3. 鹳形目	2	12	4.69%
4. 雁形目	1	25	9.77%
5. 隼形目	2	7	2.73%
6. 鸡形目	1	7	2.73%
7. 鹤形目	1	5	1.95%
8. 鸻形目	2	19	7.42%
9. 鸽形目	1	4	1.56%
10. 鹃形目	1	5	1.95%
11. 鸮形目	1	7	2.73%
12. 雨燕目	1	3	1.17%
13. 佛法僧目	1	3	1.17%
14. 戴胜目	1	1	0.39%
15. 䴕形目	2	6	2.34%
16. 雀形目	31	147	57.42%

(1)非雀形目鸟类。䴙䴘目有1科4种。小䴙䴘，广泛分布各种水体；赤颈䴙䴘是国家Ⅱ级保护鸟类，仅见于澎溪河；黑颈䴙䴘和凤头䴙䴘见于长寿湖、大洪湖。

鹈形目有1科1种，即鹈形目的鸬鹚，广泛分布于三峡库区湿地水域，在长寿湖有集群栖息的习性，调查中曾发现有300余只鸬鹚在长寿湖石岛上夜宿。

鹳形目有2科12种。有国家Ⅱ级保护物种白琵鹭和黑脸琵鹭，据历史资料记载，仅分布在长寿湖和大洪湖区。因三峡库形成的大面积湿地区域，未在冬季进行调查，其分布情况不详。鹭科种类最多，已知有10种，白鹭数量最多，为优势种，广泛分布于各湿地，常栖于河滩、湖、水边，林绿灌丛等。苍鹭、池鹭广泛分布，是常见种，夜鹭、绿鹭、大麻鳽是常见种，栗苇鳽、黑苇鳽常在山溪流水处觅食，数量较少。

雁形目是非雀形种类中最多的鸟类，共有25种，常见的有鸿雁、小天鹅、斑头雁、豆雁、绿头鸭、绿翅鸭、赤麻鸭、斑嘴鸭、罗纹鸭、赤膀鸭、花脸鸭、白眉鸭、针尾鸭等。鸭科种类常集大群、不同种混群觅食。在长寿湖冬季调查时，可见到50~200只的鸟群，甚至2~3种生活在同一流水滩上。黑海番鸭、普通秋沙鸭数量较少，常分散觅食。

隼形目鸟类为国家Ⅱ级保护动物，包括鹰科和隼科，常见种类有黑鸢、松雀鹰、红隼、普通鵟等。

鸡形目仅雉科1科，共有7种。在湿地附近人类活动较少的农田、灌丛周围常有鸡类活动，湿地的鸡类以雉鸡分布最广泛而且数量多，重点调查专家组在忠县皇华岛国家湿地公园调查时，1小时内目击了8只红腹角雉和雉鸡。红腹锦鸡数量较多，在澎溪河湿地自然保护区和巫山湿地保护内较多，而白冠长尾雉和白腹锦鸡数量较少，特别是白腹锦鸡仅分布在酉阳的酉水河保护区。灰胸竹鸡广布种，也是我国特有种。

鹤形目仅有秧鸡科5种，分别是普通秧鸡、白胸苦恶鸟、董鸡、黑水鸡、白骨顶。白胸苦恶鸟、董鸡在草丛农田中较为常见，数量较多，黑水鸡、白骨顶在长寿湖较常见，2003年水禽调查时，记录到黑水鸡25只，白骨顶13只。

鸻形目有2科19种，中型涉禽，以反嘴鹬科的黑翅长脚鹬个体最大，数量稀少，分布区域较窄。本次重点湿地考察时，在长寿区境内龙溪下游入三峡库区的河滩上发现了32只黑翅长脚鹬。凤头麦鸡、灰头麦鸡通常30~50只集群活动。金眶鸻、环颈鸻、青脚鹬、白腰草鹬等，是湿地常见的水鸟。

鸥形目鸥科，常见的有红嘴鸥、棕头鸥、普通燕鸥等4种，主要分布于长寿湖、澎溪河湿地自然保护区、大洪湖及三峡水库湿地等。

鸽形目有鸠鸽1科4种。其中以珠颈斑鸠、山斑鸠最为常见，火斑鸠分布区稍狭窄。

鹃形目有杜鹃1科5种。大杜鹃、四声杜鹃、鹰鹃广泛分布于三峡库区湿地，夏侯鸟较为常见。噪鹃和小杜鹃不常见。

鸮形目有鸱鸮科7种。以斑头鸺鹠、短耳鸮最为常见，分布遍及全市各区(县)。其余种类数量较少，仍广泛分布。

雨燕目仅见1科3种。野外最容易识别白腰雨燕和小白腰雨燕。羊耳水库曾发现白腰雨燕在大坝的观测平台上筑巢12个，哺育幼雏。

佛法僧目在市内湿地见有1科3种，翠鸟科的普通翠鸟、蓝翠鸟、冠鱼狗。普通翠鸟广布于市内外各湿地，较为常见；冠鱼狗常见；蓝翡翠数量较少。

䴕形目在市内湿地分布2科6种。最常见的是灰头绿啄木鸟和星头啄木鸟。

戴胜目仅戴胜科戴胜 1 种，是广泛分布于重庆市的常见鸟类。

(2)雀形目鸟类。百灵科小云雀是重庆市的常见种，遍布各地。

燕科 2 种，家燕和金腰燕是重庆的夏候鸟，是优势种。白天在湿地水域觅食，夜间几千只甚至上万只栖息于电线上停息。

鹡鸰科有 9 种，常见的是白鹡鸰，数量较多，是优势种，灰鹡鸰次之，黄头鹡鸰、山鹡鸰数量少，偶见。鹨属中粉红胸鹨、水鹨、树鹨是湿地常见种类。

山椒鸟科是森林鸟类，在湿地活动很少，暗灰鹃鵙和灰山椒鸟偶尔出现在湿地中，小灰山椒鸟和长尾山椒鸟在湿地少见。

鹎科 5 种，以白头鹎、黄臀鹎最多，是优势种；其次是领雀嘴鹎，广泛分布。以上 3 种皆喜家族氏集群生活(繁殖期成对)，黑鹎和绿翅短脚鹎数量较少。

伯劳科 4 种，最常见的是棕背伯劳，优势种，常成对活动，全市分布。灰背伯劳数量较少，而红尾伯劳及虎纹伯劳是夏候鸟，近年有减少趋势。

黄鹂科有黑枕黄鹂，调查中见于丰都县的龙河岸边陡岩输上，是不常见鸟类。

卷尾科有黑卷尾、灰卷尾和发冠卷尾 3 种，黑卷尾是优势种，发冠卷尾不常见。

椋鸟科中以八哥、丝光椋鸟数量多，喜结群觅食，常 30 ~ 50 成群活动。

鸦科 8 种，湿地内以红嘴蓝鹊结小群活动最多，是优势种，喜鹊、大嘴乌鸦、小嘴乌鸦、白颈鸦现在数量有明显减少趋势。灰树鹊是小型鸦类，分布区较小，灰喜鹊应是北方引入种，数量较少。

河乌科仅褐河乌 1 种，常在山溪河流中觅食并能入水洗浴，数量稍多。

鹪鹩科鹪鹩 1 种，常觅食活动于灌草丛中，永不停息。

鹟科 21 种，常见的有紫啸鸫、鹊鸲、北红尾鸲、乌鸫是湿地鸟类中的优势种或常见种，湿地是它们重要取食场所，岸边石穴也是红尾水鸲的繁殖场所。

鹟科 5 种，有乌鹟、方尾鹟等。

王鹟科只有寿带鸟 1 种，雌雄异色、异形，体态优美，是一种很好的观赏鸟，三峡库区数量较少，难于见到。

画眉科在湿地有 24 种，占重庆鸟类种总数的 5.5%。白颊噪鹛、画眉、红嘴相思鸟、白领凤鹛等都是体态优美，鸣声动听悦耳，观赏价值极高。

鸦雀科湿地仅见棕头鸦雀 1 种，常成群于湿地水域岸边灌草丛内觅食。数量较多，广泛分布各地。

扇尾莺科有棕扇尾莺、山鹪莺、纯色山鹪莺 3 个种，均为常见种类。

莺科有强脚树莺、黄腹树莺、黄腰柳莺等 13 种，为小型食虫鸟类，常集群或混群在湿地森林、灌丛、草丛觅食。

戴菊科，仅戴菊 1 种，广泛分布的食虫鸟类。

绣眼鸟科，暗绿绣眼鸟 1 种，广泛分布的食虫小鸟。

长尾山雀科，红头长尾山雀为城镇、农村广泛分布的小鸟，在秋冬季常 30 ~ 50 只大群觅食活动，对农林有益。

山雀科，典型的食虫鸟类，包括大山雀、黄腹山雀、绿背山雀等多种，广泛分布于三峡库区各湿地、湿地公园及湿地保护区。

䴓科普通䴓、旋壁雀科红翅旋壁雀为不常见的食虫小鸟。

啄花鸟科中的纯色啄花鸟和花蜜鸟科的蓝喉太阳鸟、叉尾太阳鸟等吃花蜜的小鸟，亦是鸟类中体型最小的美丽小鸟，尤以雄鸟体态色泽最美。

雀科的山麻雀和麻雀，以后者最多，成鸟以谷物为食，幼鸟阶段大量消灭农田早春害虫。

燕雀科有7种，包括燕雀、普通朱雀、酒红朱雀、金翅雀、黑尾蜡嘴雀、锡嘴雀等，常以植物种子、嫩芽叶为生。

鹀科有小鹀、三道眉草鹀等10种分布，多以湿地湖边、农田杂草种子为食。

2.1.2　数量状况

国家重点保护鸟类数量状况。由于本次湿地调查时间短任务紧，未能在冬季调查越冬水鸟数量。根据历史资料记载总结如下：

重庆市境内湿地共有国家Ⅰ级保护鸟类1种。据城口县林业局报告，2009年6月一村民捡到两只东方白鹳，属国家Ⅰ级保护鸟类。

有国家Ⅱ级保护鸟类24种，记录市级保护鸟类20种。

据2003年2~3月对长江干流、嘉陵江下游及长寿湖、大洪湖区域调查，长寿湖内绿翅鸭3000只，绿头鸭2500只，鸬鹚300只(全市500只)，斑嘴鸭3000只，赤麻鸭1000只，白鹭10000只，苍鹭700只，池鹭1000只，牛背鹭800只，夜鹭500只，鸳鸯200只，栗苇鳽200只，小䴙䴘300只。

2.1.3　栖息地及保护状况

重庆湿地面积大，库岸线蜿蜒曲折，形成广阔的水域，水域交错形成了大小不同的库湾、湖盆、河口、岛屿等多种形态的生态环境，为水陆两栖的鸟类提供了多种多样的生存条件，是候鸟、留鸟的重要栖息地。随着三峡水库的水位变化，栖息地会随之扩大缩小，食物丰欠也会随之变化。

三峡库区自2003年135米水位首次蓄水以来，库内水草繁茂，曾有不少越冬候鸟迁来，2006年巫山湿地自然保护区就有鸿雁等大型鸟类迁来。

截至2014年年底，全市已建湿地自然保护区12个，其中市级1个，区县级11个，保护区面积达8.78万公顷，湿地面积1.86万公顷。建立市级以上湿地公园22个，其中国家湿地公园(试点)18个，市级湿地公园4个，公园面积达2.44万公顷，湿地面积为1.02万公顷。

存在的问题：以长寿湖为例，管理机构尚待建立和完善，水体掠夺式的利用造成水体污染严重，水田旱地化使用，造成野生鸭类食物不足，加之人为干扰严重，城市扩张带来的噪声、船舶干扰、人为捕杀等，湿地动物生存环境不断受到破坏。

重庆湿地水禽资源已记述在《四川几个水库水禽资源的初步调查》(邓其祥、余志伟，1983)、《三峡库区鸟类区系及其演替预测》(张家驹等1993)、《重庆三峡库区鸟类生物多样性》(冉江红等2001)、《三峡水库蓄水139米前后江面江岸冬季鸟类动态》(苏化龙等，2005)中，对水禽种类、分布和资源状况都有过报道，但水禽数量记载较少。

2004年3月和2007年2月对长寿湖水禽资源数量进行了两次调查，结果见表3-6。

表 3-6　重庆长寿湖水禽调查统计表(2004 年 3 月和 2007 年 2 月)

中文名	2004 年数量(只)	比例(%)	2007 年数量(只)	比例(%)
小䴙䴘	86	14.98	29	4.1
凤头䴙䴘	3	0.52	7	0.99
绿翅鸭	—	—	29	4.11
绿头鸭	22	3.83	334	47.31
斑嘴鸭	54	9.4	20	2.83
白眼潜鸭	—	—	4	0.57
红头潜鸭	—	—	30	4.26
鸳鸯	6	1.05	10	1.42
黑水鸡	6	1.05	9	1.28
苍鹭	45	7.84	40	5.68
白鹭	48	8.36	60	8.52
夜鹭	2	0.35	9	1.28
鸬鹚	302	52.61	125	17.76
合　计	574	100	706	100

长寿湖自然保护区水禽数量以绿头鸭、鸬鹚、小䴙䴘、绿翅鸭、红头潜鸭、斑嘴鸭为主，合计占 80% 以上。

重庆湿地范围扩大后，类型多样(岛屿增多)，为水禽的栖息越冬、取食、繁殖提供了优越的水陆条件。

2.2　鱼　类

2.2.1　种类、分布

重庆市共有鱼类 172 种，其中 159 种分布在湿地中，隶属于 8 目 19 科 90 属。其中鲤形目最多，有 122 种，占总种数的 76.73%；其次为鲇形目 18 种和鲈形目 11 种，分别占总种数的 11.32% 和 6.92%(表 3-7)。

表 3-7　重庆湿地鱼类物种组成

目	科　数	比例(%)	属　数	比例(%)	种　数	比例(%)
鲑形目	1	5.26	2	2.22	2	1.26
合鳃鱼目	1	5.26	1	1.11	1	0.63
鲟形目	1	5.26	1	1.11	1	0.63
鲤形目	4	21.05	69	76.67	122	76.73
鲈形目	5	26.32	7	7.78	11	6.92

（续）

目	科 数	比例(%)	属 数	比例(%)	种 数	比例(%)
鳗鲡目	1	5.26	1	1.11	1	0.63
鲇形目	4	21.05	7	7.78	18	11.32
鲟形目	2	10.53	2	2.22	3	1.89
总 数	19	100	90	100	159	100

2.2.2 区系分析

根据鱼类地理区划，湿地鱼类区系组成较复杂，在我国分布的7个区系类群中6个在重庆湿地内有分布。

(1)中国平原复合体。是重庆市鱼类的主要成分，这类鱼为高度喜氧的种类，具有“浮性体色”——腹面银白色，背面青蓝色或黄、绿色，多以底栖动物为食。卵多为浮卵或者半浮性卵，代表种有鮈属、蛇鮈属、鳡属、鳊、鲂、鲢、鲴、草鱼等。

(2)印度平原复合体。印度平原复合体的种类也较多，该复合体的鱼类起源于南岭以南的南亚热带、亚热带平原水域，一般不善于游泳，有些还形成适应缺氧生活的辅助呼吸器官，多适应于缓慢或静水的环境中，产浮性卵，主要是黄鳝、乌鳢、黄鱼等。

(3)中印山区复合体。此类群起源于南方热带、亚热带山区急流水域，包括鲃亚科、鮡科、平鳍鳅科鱼类，部分鱼类身体具有一些适应急流等环境的特征构造。

(4)古代第三纪复合体。古代第三纪复合体种类虽然不多，但个体数量多，产量大，多数经济鱼类属于此，如鲤鱼、鲫鱼、鲇科鱼类等，还有胭脂鱼科、鳑鲏亚科、沙鳅属和泥鳅等。古代第三纪复合体起源于第三纪早期的北半球温带水域，适应于水生植物丛较茂盛的水质较浑浊的湖沼水域，多在植物上产卵。

(5)北方平原复合体。此种类不多，包括中华鲟、达氏鲟等。

(6)中亚高原复合体。此类以裂腹鱼亚科和条鳅属为代表。

2.2.3 长江上游特有鱼类

在重庆重点湿地内分布的159种鱼类中，有国家Ⅰ级保护鱼类中华鲟、达氏鲟、白鲟3种和国家Ⅱ级保护鱼类胭脂鱼，此外，还有83种我国特有鱼类，见表3-8。

表3-8 重庆重点湿地珍稀保护与特有鱼类

目	科	属	种	保护等级
鲟形目	长吻鲟科	白鲟属	白鲟	Ⅰ
鲟形目	鲟科	鲟属	达氏鲟	Ⅰ
鲟形目	鲟科	鲟属	中华鲟	Ⅰ
鲤形目	胭脂鱼科	胭脂鱼属	胭脂鱼	Ⅱ
鲤形目	鲤科	白甲鱼属	四川白甲鱼	
鲤形目	鲤科	白甲鱼属	粗须白甲鱼	

（续）

目	科	属	种	保护等级
鲤形目	鲤科	白甲鱼属	短身白甲鱼	
鲤形目	鲤科	白甲鱼属	小口白甲鱼	
鲤形目	鲤科	白甲鱼属	多鳞白甲鱼	
鲤形目	鲤科	白甲鱼属	稀有白甲鱼	
鲤形目	鲤科	白甲鱼属	白甲鱼	
鲤形目	鲤科	半䱗属	半䱗	
鲤形目	鲤科	棒花鱼属	钝吻棒花鱼	
鲤形目	鲤科	鲌属	拟尖头鲌	
鲤形目	鲤科	倒刺鲃属	中华倒刺鲃	
鲤形目	鲤科	鲂属	团头鲂	
鲤形目	鲤科	鲂属	厚颌鲂	
鲤形目	鲤科	副鱊属	彩副鱊	
鲤形目	鲤科	鲴属	方氏鲴	
鲤形目	鲤科	光唇鱼属	宽口光唇鱼	
鲤形目	鲤科	光唇鱼属	云南光唇鱼	
鲤形目	鲤科	颌须鮈属	嘉陵颌须鮈	
鲤形目	鲤科	颌须鮈属	短须颌须鮈	
鲤形目	鲤科	华鳊属	四川华鳊	
鲤形目	鲤科	华鳊属	伍氏华鳊	
鲤形目	鲤科	华鲮属	华鲮	
鲤形目	鲤科	华鲮属	洞庭华鲮	
鲤形目	鲤科	近红鲌属	高体近红鲌	
鲤形目	鲤科	近红鲌属	黑尾近红鲌	
鲤形目	鲤科	近红鲌属	汪氏近红鲌	
鲤形目	鲤科	裂腹鱼属	重口裂腹鱼	
鲤形目	鲤科	裂腹鱼属	细鳞裂腹鱼	
鲤形目	鲤科	裂腹鱼属	齐口裂腹鱼	
鲤形目	鲤科	盘鮈属	云南盘鮈	
鲤形目	鲤科	片唇鮈属	裸腹片唇鮈	
鲤形目	鲤科	鳅鮀属	异鳔鳅鮀	
鲤形目	鲤科	鳅鮀属	短身鳅鮀	

（续）

目	科	属	种	保护等级
鲤形目	鲤科	泉水鱼属	泉水鱼	
鲤形目	鲤科	蛇鮈属	光唇蛇鮈	
鲤形目	鲤科	似鳍属	似鳍	
鲤形目	鲤科	似鳊属	似鳊	
鲤形目	鲤科	铜鱼属	圆口铜鱼	
鲤形目	鲤科	吻鮈属	圆筒吻鮈	
鲤形目	鲤科	吻鮈属	长鳍吻鮈	
鲤形目	鲤科	吻鮈属	湖南吻鮈	
鲤形目	鲤科	异鳔鳅鮀属	异鳔鳅鮀	
鲤形目	鲤科	异鳔鳅鮀属	裸体异鳔鳅鮀	
鲤形目	鲤科	鳘属	张氏鳘	
鲤形目	鲤科	原鲤属	岩原鲤	
鲤形目	鲤科	直口鲮属	泸溪直口鲮	
鲤形目	爬鳅科	副鳅属	短体副鳅	
鲤形目	爬鳅科	副鳅属	红尾副鳅	
鲤形目	爬鳅科	副鳅属	乌江副鳅	
鲤形目	爬鳅科	高原鳅属	贝氏高原鳅	
鲤形目	爬鳅科	后平鳅属	峨嵋后平鳅	
鲤形目	爬鳅科	华吸鳅属	下司华吸鳅	
鲤形目	爬鳅科	华吸鳅属	西昌华吸鳅	
鲤形目	爬鳅科	华吸鳅属	四川华吸鳅	
鲤形目	爬鳅科	金沙鳅属	短身金沙鳅	
鲤形目	爬鳅科	金沙鳅属	中华金沙鳅	
鲤形目	爬鳅科	爬岩鳅属	四川爬岩鳅	
鲤形目	鳅科	薄鳅属	长薄鳅	
鲤形目	鳅科	薄鳅属	薄鳅	
鲤形目	鳅科	薄鳅属	红唇薄鳅	
鲤形目	鳅科	薄鳅属	紫薄鳅	
鲤形目	鳅科	薄鳅属	汉水扁尾薄鳅	
鲤形目	鳅科	副沙鳅属	双斑副沙鳅	
鲤形目	鳅科	副沙鳅属	花斑副沙鳅	

（续）

目	科	属	种	保护等级
鲤形目	鳅科	沙鳅属	宽体沙鳅	
鲤形目	鳅科	沙鳅属	中华沙鳅	
鲈形目	鮨科	长身鳜属	长身鳜	
鲈形目	鮨科	鳜属	大眼鳜	
鲈形目	鮨科	少鳞鳜属	漓江少鳞鳜	
鲈形目	鰕虎鱼科	吻鰕虎鱼属	四川吻鰕虎鱼	
鲈形目	鰕虎鱼科	吻鰕虎鱼属	波氏吻鰕虎鱼	
鲇形目	鲿科	拟鲿属	短尾拟鲿	
鲇形目	鲿科	拟鲿属	凹尾拟鲿	
鲇形目	鲿科	拟鲿属	细体拟鲿	
鲇形目	鲿科	拟鲿属	圆尾拟鲿	
鲇形目	鲿科	拟鲿属	切尾拟鲿	
鲇形目	鲿科	鮠属	粗唇鮠	
鲇形目	钝头鮠科	鉠属	白缘鉠	
鲇形目	钝头鮠科	鉠属	黑尾鉠	

2.2.4　重要经济鱼类

（1）重庆木洞江段渔获物种类及重量组成。在渔获物中，统计到88种鱼（15科60属），鲤科53种，占总种数的60.2%；鳅科10种，占11.4%；鲿科9种，占总种数的10.2%；渔获物中有铜鱼、圆口铜鱼、圆筒吻鮈和长鳍吻鮈等30种产漂流性卵的鱼类，占总种数的34.1%，占总重量的87.0%。铜鱼、圆口铜鱼等11种占渔获物总重量的91.8%（表3-9）。

表3-9　2007年6月至2008年11月木洞江段渔获物组成

（只列经济鱼类，渔获重量在1%以上的种类）

种　类	尾数（条）	比例（%）	重量（克）	比例（%）
铜鱼	2621	7.4	433291	47.7
圆口铜鱼	11824	33.4	175917	19.4
圆筒吻鮈	984	2.8	60487	6.7
长鳍吻鮈	576	1.6	46978	5.2
瓦氏黄颡鱼	4877	13.8	34486	3.8
鲤	52	0.1	29837	3.3
青鱼	4	<0.1	11878	1.3
蛇鮈	1395	3.9	10803	1.2
光泽黄颡鱼	2448	6.9	10075	1.1

（续）

种　类	尾数(条)	比例(%)	重量(克)	比例(%)
鲫	540	1.5	9627.8	1.1
长吻鮠	185	0.5	9435.2	1.0
其他				8.2

(2)三峡库区万州江段渔获物组成(表3-10)。万州江段湿地从2003年三峡工程蓄水136米以来，除原长江干流外，两岸大量农田被淹没，鱼类生活环境改变、水温降低、面积扩大，虾类产量大增。渔获物组成发生了巨大的变化，以万州“迷魂阵”、虾笼、定置网灯等捕捞工具，采集到74种渔获物，其中鲤科48种，占总种数的64.9%。

表3-10 三峡库区万州江段渔获物组成

种　类	尾数(条)	比例(%)	重量(克)	比例(%)	尾均重(克)
鲤	386	1.3	154761.6	25.3	400.94
贝氏䱗	16017	55.0	133381.6	21.8	3.27
鲢	145	0.5	52503.4	8.6	362.09
蒙古鲌	305	1.1	34965.3	5.7	114.64
鲫	975	3.4	23549.1	3.9	24.15
南方鲇	69	0.2	22900.7	3.7	360.88
中华倒刺鲃	43	0.2	21184.8	3.5	492.67
翘嘴鲌	286	1.0	20165.4	3.3	70.51
草鱼	150	0.5	19486.1	3.2	129.91
蛇鮈	1684	5.8	15488.8	2.5	9.19
鳙	40	0.1	12358.3	2.0	308.96
瓦氏黄颡鱼	460	1.6	9282.3	1.5	20.18
似鳊	455	1.6	9220.4	1.5	20.26
银鮈	2802	9.6	8838.2	1.4	3.15
䱗	976	3.4	7546.9	1.2	7.71
厚颌鲂	112	0.4	7432.2	1.2	66.36
斑点叉尾鮰	238	0.8	7386.7	1.2	31.04
铜鱼	24	0.1	6492.5	1.1	270.52
光泽黄颡鱼	465	1.6	6883.6	1.1	14.8
鲇	28	0.1	5173.3	0.8	184.76
长吻鮠	5	0.1	3667.4	0.6	733.48
张氏䱗	314	1.1	3415.2	0.6	10.88
其他				4.3	

万州湿地自然保护区内渔获物中有鲢、中华倒刺鲃、草鱼、鳙和青鱼等19种，占总种数的25.7%。四大家鱼446尾，重98784.7克，占总重量的11.7%和总尾数的1.0%。渔获物中长江上游特有鱼类有圆口铜鱼、厚颌鲂、张氏𩽾、岩原鲤、黑尾近红鲌、宽口光唇鱼、华鲮、高体近红鲌、乌江副鳅等9种，共占总重量的2.0%。圆口铜鱼占总重量的0.3%。小杂鱼类大量发展。适应静水生活的鲤、鲫、贝氏𩽾等占总重量的50%以上。

珍稀鱼类，除胭脂鱼幼鱼有捕获记录外，达氏鲟、中华鲟、白鲟已无捕获记录，处于濒危状态。

2.3　两栖类、爬行类、哺乳类

2.3.1　种类组成与分布

(1)两栖动物种类组成与分布。重庆市有54种两栖动物，湿地内分布有39种，包括有尾目7科32种和无尾目3科7种。其中蛙科最多，有13种，占总种数的33.33%；其余分别为小鲵科、角蟾科、姬蛙科各4种，锄足蟾科、雨蛙科、树蛙科各3种，蝾螈科、蟾蜍科各2种，隐鳃鲵科1种(表3-11)。

表3-11　重庆湿地两栖动物目科组成

目	各目科数	各目种数	科	各科种数
有尾目	3	7	小鲵科	4
			隐鳃鲵科	1
			蝾螈科	2
无尾目	7	32	锄足蟾科	3
			角蟾科	4
			蟾蜍科	2
			雨蛙科	3
			蛙科	13
			树蛙科	3
			姬蛙科	4
合计	10	39		39

重庆湿地内有国家Ⅱ级保护野生动物1种——大鲵，分布在大巴山、金佛山、巫山、酉水河及阿蓬江。

拟小鲵仅分布在金佛山；崇安湍蛙仅分布在大巴山；施氏巴鲵、巫山角蟾主要分布在大宁河流域；仙琴蛙主要分布在长江丰都段；除此外的其余两栖类分布较广。

(2)爬行动物种类组成与分布。重庆市内有61种爬行动物中，33种在湿地内有分布，隶属于2目11科。包括龟鳖目2科2种和有鳞目9科31种。以游蛇科种类最多，有14种，占总种数的42.4%；其次为蝰科，有6种，占总种数的18.2%；其余各科较少，见表3-12。

表 3-12 重庆湿地爬行动物目科组成

目	各目科数	各目种数	科	各科种数
龟鳖目	2	2	鳖科	1
			龟科	1
有鳞目	9	31	壁虎科	2
			蝰科	6
			鬣蜥科	1
			盲蛇科	1
			蛇蜥科	1
			石龙子科	3
			蜥蜴科	2
			眼镜蛇科	1
			游蛇科	14
合计	11	33		33

湿地内没有国家级重点保护野生爬行动物。

爬行动物中，白条草蜥、尖吻蝮、山烙铁头仅分布在金佛山；双斑锦蛇仅分布在巫山；颈槽蛇仅分布在忠县段湿地自然保护区；紫灰锦蛇、中国水蛇仅分布在金佛山和丰都段湿地自然保护区；黑脊蛇仅分布在金佛山和阳水河湿地自然保护区；其余物种分布较广。

(3)哺乳类种类组成与分布。重庆市内 146 种哺乳动物中，76 种湿地内有分布，分别隶属于 8 目 25 科。其中啮齿目种类最多，有 7 科 29 种，占湿地哺乳动物总种数的 38. 2%；其次为食肉目，有 5 科 15 种，占湿地哺乳动物总种数的 19. 7%；其余各目情况见表 3-13。在 25 科中，种数最多的是鼠科，有 13 种；其次为鼬科和蝙蝠科，分别有 7 种和 6 种；其余各科种类均较少。

表 3-13 重庆湿地哺乳动物目科组成

目	各目科数	各目种数	科	各科种数
鳞甲目	1	1	鲮鲤科	1
灵长目	1	3	猴科	3
啮齿目	7	29	仓鼠科	3
			刺山鼠科	1
			豪猪科	2
			鼠科	13
			松鼠科	6
			鼯鼠科	2
			鼹形鼠科	2

（续）

目	各目科数	各目种数	科	各科种数
偶蹄目	3	7	牛科	2
			鹿科	4
			猪科	1
食虫目	3	7	鼩鼱科	3
			猬科	1
			鼹科	3
食肉目	5	15	灵猫科	4
			猫科	1
			獴科	1
			犬科	2
			鼬科	7
兔形目	1	1	兔科	1
翼手目	4	13	蝙蝠科	6
			菊头蝠科	2
			犬吻蝠科	2
			蹄蝠科	3
合计	25	76		76

湿地内有国家Ⅰ级保护野生哺乳动物2种，分别为黑叶猴和林麝；有国家Ⅱ级保护野生哺乳动物11种，分别为中国穿山甲、猕猴、大灵猫、斑灵狸、水鹿、中华斑羚、中华鬣羚、藏酋猴、水獭、青鼬、小灵猫。

国家Ⅰ级保护野生动物中黑叶猴仅分布在金佛山国家级自然保护区，林麝分布在大巴山、金佛山、开县澎溪河以及云阳小江湿地自然保护区。国家Ⅱ级保护野生动物中，中华鬣羚主要分布在大巴山；斑灵狸主要分布在长寿区等区域；藏酋猴和中国穿山甲主要分布在丰都、涪陵等区域；中华斑羚仅分布在大巴山和小南海；其余各保护动物分布较广。

第四章 湿地资源利用

第一节 湿地资源利用方式及其利用现状

1 重庆湿地资源

1.1 水资源

重庆湿地水资源主要包括河流、湖泊和水库的淡水资源。境内河流纵横，长江自西南向东北横贯全市，北有嘉陵江，南有乌江汇入，形成向心的、不对称的网状水系。境内流域面积大于100平方公里的河流有207条，其中流域面积大于1000平方公里的河流有40条。大中型水库共计66座，其中大型水库6座，中型水库60座。大中型水库年末总蓄水量18.3380亿立方米，全市内陆水域面积占国土总面积的3.67%。2009年全市水资源量为455.91亿立方米，基本保证了全市经济社会发展的基本需求。2009年长江、嘉陵江、乌江、涪江和渠江(简称"五江")重庆境内河段全年期水质均为Ⅲ类。饮用水源地全年水质合格率为82.2%，超标项目主要有氨、氮、铁、锰等。

1.2 土地资源

由于国土面积小，人口密度大，土地资源紧缺。据2009年重庆市统计年鉴，2009年重庆市人均耕地面积约为1.09亩/人，远低于全国1.41亩/人的平均水平。湿地不仅提供了生物资源、水资源等，长期以来均被作为一种重要的后备土地资源加以利用。据全国第二次湿地资源调查，重庆市现有湿地20.72万公顷，充分利用好湿地资源，可人均增加土地0.1亩，将有利于缓解土地资源紧缺状况。

1.3 生物资源

生物资源是湿地的重要组成部分，正是它们赋予湿地无穷的生命力和巨大的生产潜力。此次调查发现重庆有湿地维管束植物707种，隶属于128科368属。其中有野大豆等国家重点保护野生植物4种。很多湿地植物长期以来被人类利用，如菱、藕、茭瓜、慈姑、荸荠等为公众所喜食的水生蔬菜；常用作观赏植物的有香蒲、菖蒲、水葱、荷花、睡莲、碗莲、芦竹、黄花鸢尾、慈姑、泽泻、芦苇、红廖、芋、水鳖、金鱼藻、狐尾藻、黑藻、眼子菜、菹草等。据调查，全市现有湿地脊椎动物有563种，隶属于36目118科340属。其中鱼类8目19科93属159种；两栖类2目10科19属39种；爬行类2目11科22属33种；鸟类16目53科146属256种；哺乳类8目11科60属76种。很多湿地动物具有重要的经济价值，尤其是鱼类资源，是重庆市水产品的主要种质来源，如长吻鮠、岩原鲤、中华倒刺鲃、华鲮等肉质好的名贵经济鱼类。

1.4　景观资源

重庆湿地类型较全，分布广泛，湿地景观资源丰富。有小南海等湖泊湿地，有长江、嘉陵江、乌江、渠江、涪江等河流湿地，有三峡库区、长寿湖、大洪湖等人工湿地。重庆市境内巴山绵延、渝水纵横，山川秀美，人杰地灵，历史源远流长，文化积淀深厚，孕育了丰富而独特的湿地景观资源，国家级风景名胜区有长江三峡、大宁河小三峡、“植物王国”金佛山、江津四面山、北碚缙云山、合川钓鱼城、石柱黄水风景名胜区等；国家级地质自然保护区有小南海；市级风景名胜区有小南海、统景、南山—南泉、龙溪河、长寿湖、大足龙水湖、璧山青龙湖等。另外，依托各地的湿地格局特色的湿地景观资源，至2014年底重庆市已经建立市级以上湿地公园22处。其中，国家级湿地公园有迎风湖、西水河、皇华岛、阿蓬江等18处，市级湿地公园有龙水湖、青山湖、小安溪等4处。

1.5　人文资源

重庆湿地开发利用历史悠久，长期以来，湿地与周边居民相生相息，彼此影响，人文底蕴深厚。重庆的历史，是人与水共存共荣的历史，湿地的人文历史悠久且渊远流长，反过来也赋予湿地更深邃的内涵和吸引力。如巴渝文化、大后方抗战文化、三峡文化、三国文化、山城都市文化荟萃一炉，异彩纷呈，赋予了重庆旅游资源精深的文化内涵和较高的知名度。既有闻名遐迩的山水画廊——长江三峡，又有规模宏大、技术精湛、内容丰富的大足石刻，还有神秘且富有民族风情的苗族水寨等一大批高知名度的人文景观资源。

1.6　能源资源

重庆湿地能源资源主要有水能、风能等。蕴藏巨大的水能资源，是重庆最具特色的一大资源优势。据2009年统计，全市水力资源蕴藏量达2296.43万千瓦，可开发量980.84万千瓦。丰富的水资源，为重庆的水电业发展创造了有利条件。分析表明，除三峡电站外，重庆市水能资源理论蕴藏量1388万千瓦，其中可开发的水能资源760万千瓦，总装机容量可达650万千瓦，占可开采水能资源总量的85.5%。全市已建大小水电站1000余座，装机容量61.9万千瓦，占全市可开发利用水能资源总量的8.14%，开发利用潜力较大。重庆市水能资源主要分布在长寿、合川、江津、綦江、铜梁等地，水能资源为278.69万千瓦。其次为彭水、武隆、酉阳、秀山、丰都、万州、奉节、巫溪等地，水能资源为411.6万千瓦，可开发利用的有289.35万千瓦。重庆水能资源的分布和矿产等其他资源的分布具有高度的吻合性，加强资源综合开发利用，对重庆的经济振兴将会起到十分重要的作用。另外，重庆市地热资源十分丰富，主要分布于主城区及外围，已得到初步开发利用，应加大地热资源的保护和开发力度。

2 重庆湿地资源利用方式及现状

湿地资源利用方式包括种植、养殖、牧业、林业、工矿、旅游、水源和其他等。湿地是具有多种功能的独特生态系统，是重要的自然资源和人类生存环境资本，在支撑人类社会和谐发展和自然系统有序循环等方面有着举足轻重的作用。

2.1 提供水资源

水是生命之源，生命起源于水，人类的生存和发展离不开水。2009 年重庆水资源总量超过 537.77 亿立方米(其中地表水 455.91 亿立方米，地下水 81.86 亿立方米)，丰富的水资源保障了全市城乡工农业生产和人民生活对水资源的需求。2009 年全市总用水量为 85.3032 亿立方米。按用水去向统计，生产用水 71.7304 亿立方米，生活用水 13.0682 亿立方米，生态环境用水 0.5047 亿立方米，分别占总用水量的 84.09%、15.32%、0.59%。2009 年生产用水中，第一产业、第二产业和第三产业用水分别为 20.6866 亿立方米、48.3830 亿立方米和 2.6608 亿立方米，分别占生产用水的 28.84%、67.45%、3.71%。2009 年全市人均用水量 298 立方米；按现价计算，万元 GDP 用水量 131 立方米，万元工业增加值用水量为 163 立方米；居民生活人均日用水量为 125 升；城镇公共人均日用水量为 49 升；牲畜头均日用水量为 24 升；农田灌溉亩均用水量为 239 立方米。

2.2 提供食物和原材料

湿地是地球上生产力最高的生态系统之一，其总体生产力是一般农田的 2~4 倍，为人类提供了丰富的食物和生产生活原材料，包括肉类、水果、蔬菜、药材、盐、建材、泥炭、树脂和生物化学品等。

重庆市水域辽阔，河流纵横，鱼类饵料资源丰富，加之良好的水域理化性状和优越的气候条件，很适合淡水鱼类的养殖，鱼类生产有着悠久的历史。2009 年全市水产品产量 20.39 万吨，渔业总产值 24.2699 亿元(均为淡水养殖)。此外，河流两岸的坡地，都是牛、马、羊、驴牲畜的天然牧场，湖滨则是鸭、鹅等家畜的天然放养场。

重庆市库塘湿地还广泛种植莲、芦苇、茭笋等经济作物，一些湿地植物的种植在当地形成了有巨大经济效益的产业，极大地促进了农村经济发展，尤其是大足的荷花、石柱的莼菜、万盛的莲藕等一大批优质品牌的打造给湿地观赏植物和蔬菜产业发展树立了示范。2009 年，重庆市以稻谷为主的湿地相关的植物产值超过 500 亿元。湿地为重庆市经济发展，为农民增收做出了重要贡献。

2.3 提供航运

长江和嘉陵江流经的重庆东邻湖北、湖南，南靠贵州，东北角与陕西交界，是我国西南地区重要的水陆交通枢纽和物流中心。长江三峡库区的形成，为重庆航运带来千载难逢的发展机遇，不但使境内的 680 公里长江航道条件得到极大改善，库区航道由原来的三级提高到一级，5000 吨级单船和万吨级船队可直达重庆，还使市辖区内乌江、嘉陵江等 8 条支流 730 公里航道的水位上升。随着重庆市对支流航道的整治与航电渠化工程的实施，境内的通航里程将由 4000 公里增加到 6000 公里，境内长江水系形成发达的水上运输网络。近年，重庆水运的幅射功能不断向西扩展，并向下衔接长江口，形成规模效应的喂给港，从而形成西部地区名符其实的出海大通道。据统计，2009 年，重庆市全社会港口货物吞吐总量达 8611.62 万吨，水运货运量 7771.34 万吨，水运旅客中转量达 10.36 亿人公里。总之，水运在社会和经济发展中发挥的作用越来越重要。

2.4　蓄洪防旱

重庆市湿地在控制洪水，调节水流方面功能巨大，在蓄水、调节河川径流、补给地下水和维持区域水平衡中发挥着重要作用。有长江、嘉陵江、乌江、渠江、涪江等 1000 多条大小河流，已修建三峡水库、长寿湖、大洪湖等 2700 多座各型水库，以及小南海等自然湖泊，在洪水季节调蓄洪水，保证了周边居民经济、生命安全，在干旱季节，为周边提供水源，保证居民生活用水和工农业生产用水。由于近年来湿地面积不断减少，重庆市湿地蓄洪防旱能力大大衰减。

2.5　旅游和休闲

随着人们生活水平的提高，人们要求亲近自然、回归自然的要求也越来越高，而湿地恰恰能为人们的这种需求提供一个理想的归宿。湿地生态系统、丰富的水生动植物及其遗传基因，为教育和科学研究提供了宝贵的实验基地。湿地自然保护区、湿地公园等都是宣传湿地知识，开展湿地科普教育的重要地点，例如，彩云湖国家湿地公园等每年接待游客人数都在数十万人以上，都是人们认识湿地、体验湿地的重要场所。

目前，湿地旅游已成为旅游业的新热点，三峡山水闻名天下，长江天堑气势宏伟，大足荷花争奇斗艳，武隆芙蓉洞神奇秀丽、特色各异的温泉群令重庆获得“中国温泉之都”的美称。重庆市丰富的湿地资源吸引了众多的游人纷至沓来。特别是随着重庆市湿地公园的不断建设，湿地旅游越来越成为湿地效益的重要体现者。截至 2014 年，重庆市已经建立市级以上湿地公园 22 处。据推算，全市每年到湿地风景区旅游的人数超过千万，到湿地旅游休憩的人次逾千万。

2.6　维护生物多样性

湿地能够为某些物种提供完成其全部或部分生命循环所需的全部因子。重庆河流密布，库塘众多，尤其是三峡库区水面宽广，消落带面积大，岸线蜿蜒长达数千公里，具有水体、陆地、水陆交互和库湾、“湖盆”、河口、岛屿等不同的生态环境，水陆生态系统物质能量传输与转换频繁强烈，为水、陆、两栖生物提供了多种多样的生存条件，是候鸟、留鸟、鱼类及珍稀濒危水禽与水生生物良好的生存繁衍场所与迁徙通道，是物种生命活动活跃的区域。

湿地是陆地与水体的过渡地带，因此，它同时兼具丰富的陆生和水生动植物资源，形成了其他任何单一生态系统都无法比拟的天然基因库和独特的生境。特殊的水文、土壤和气候提供了复杂且完备的动植物群落，它对于保护区域遗传资源，维持生物多样性方面具有不可替代的生态价值。2014 年底，全市共建立了 12 个区县级湿地自然保护区，保护区面积达 8.78 万公顷；建设了 18 个国家湿地公园，4 个市级湿地公园。这些湿地自然保护区和湿地公园的建成，对保护典型湿地生态系统、野生动植物物种及其栖息地、候鸟迁徙地等发挥了极其重要的作用。

3 目前湿地资源利用方面存在问题及拟采取措施

3.1 存在问题

3.1.1 湿地污染日益加剧，生态功能下降

随着工业化进程加快，湿地遭受的污染也在日益加剧。工业废水、生活污水、油污，以及农药、化肥引起的面源污染不仅使水质恶化，而且对生物多样性造成严重危害，一些珍稀物种濒危甚至面临灭绝，湿地生态系统的多重功能得不到正常发挥。目前，重庆市内的大多数江河湖泊均遭受到了不同程度的污染。重庆是传统的老重工业城市，加之直辖以来经济发展的需要，工农业都在加快发展，故而废物的排放量增加也就不言而喻了。据重庆统计年鉴 2009 统计，2008 年全市年仅工业固体废弃物总量 2311 万吨，而综合利用率仅 79.07%，工业废水 67027 万吨，达标率为 93.5%，生活污水总量 78086 万吨。这些污染物的多数是直接或间接的排放入湿地，加之全市“三废”的处理规模有限，致使很多农田富营养化。在第二次全国湿地资源调查中发现，重庆市某些河道和农田的浮萍、满江红等已经泛滥，有些地方覆盖度达到 90%~100%，庄稼难以生长；许多河段污染相当严重，一些藻类、水生植物、鱼类无法生长。湿地生态系统是一个相当脆弱的生态系统，其生物多样性和生境机制很容易被破坏。污染的日益加重，会导致湿地生态功能的不断下降，最终使湿地资源消失。因此，保护湿地生态功能，促进湿地资源的永续利用和持续发展，充分发挥湿地资源对重庆建设的支持作用，是工农业生产持续、稳定发展的需要，也是重庆实施可持续发展的重要战略之一。

3.1.2 过度开发利用导致湿地面积减少，湿地景观严重丧失

随着人口的持续膨胀，人均可利用的土地资源日益减少，土地资源承载力加大，耕地保护力度加紧。由于水域地在国土分类中被划分为未利用地，人们自然就将开发重点放在占用水域地，国家对水域地管理较弱，人们随意围垦、城市扩张占地、道路占地，以及其他工用、民用设施等非法占用湿地的现象依然突出。据统计，1999 年重庆市有水稻田 78.8 万公顷，到 2009 年减少到 68.20 万公顷，10 年的时间里减少了 1.65 万公顷，数量之大，其损失是难以弥补的。城市湖泊、河流不合理的堤岸工程化处理也导致了城市湿地功能的下降。城市湿地被大量围垦或填埋用于满足城市建设用地需要，影响了湿地生态系统的健康发展，适宜面积的健康湿地已经成为城市建设的稀缺资源。同时人类受利益驱动，非法取土取沙、盲目开发湿地的现象时有发生。湿地面积的减少，不仅使湿地景观丧失，而且导致湿地环境功能下降。

3.1.3 湿地生物资源总量及多样性日益减少

湿地是许多动植物生长繁育的场所，是有价值的遗传基因库，对维持野生动植物种群有重要意义，其潜在的价值难以估计。由于湿地资源被大量开发利用，导致湿地动植物生存环境改变和破坏，使越来越多的生物物种，特别是珍稀生物失去生存空间而面临濒危或灭绝，物种多样性减少而使生态系统趋向简单化，使系统内能流和物流中断或不畅，削弱了生态系统的稳定性和有序性。一方面湿地生态环境质量的降低，导致了生物资源产量在下降。由于湖泊、沼泽、河滩等湿地的围垦和严重的水质污染，破坏了湿地的植被，破坏了珍稀鸟类和水生动物的栖息环境和食物

来源，从而威胁其生存和繁殖。另一方面过度开发利用又加剧了这种资源量下降的趋势。特别是近年来受利益驱使，部分渔民利用日益先进的捕鱼网具，甚至不惜采取毒鱼、电鱼等手段进行捕捞，严重的乱捕滥捞行为给水生生物多样性造成了巨大威胁，同时对生态系统的健康也造成了不良影响。其次，大型水库的建立，不仅要淹没数以万计的农田，而且使得江河的天然生态系统被打破，使得某些生物丧失其生存场所，濒临灭绝。如长江三峡水库建成后，形成了600余公里长的水域，江水流速明显减小，部分泥沙淤积，鱼类的饵料生物组成发生较大的变化，适应静水、缓流水生活的种类将成为水库内的优势种类。而原来栖息于该江段的一部分喜急流水生活的鱼类，因不能适应这种环境变化而逐渐减少以至消失。三峡库区消落带湿地原有植被大多数也不能适应新环境，特别是一些特殊的物种需要重点保护，如荷叶铁线蕨、中华蚊母树、浮叶慈姑等，其生存环境也面临极大挑战。

3.1.4　外来生物入侵威胁本土湿地生态系统稳定

外来生物入侵是某种生物从外地自然侵入或被人为引进，成为野生状态，并对本地生态系统造成一定危害的现象。对于重庆湿地生态系统，入侵物种种类和危害程度正逐步加重。此次调查发现的主要入侵植物物种有凤眼莲、喜旱莲子草、加拿大一枝黄花等。凤眼莲、喜旱莲子草在内陆淡水水域疯狂扩张，繁殖力极强，不但造成河道阻塞，阻碍排灌和泄洪，对原生湿地生态系统造成毁灭性破坏，已经成为淡水湿地生态系统的公害，难于根除。调查发现和近年来有报道的入侵动物物种有克氏原螯虾、福寿螺、巴西龟、牛蛙、麝鼠、鳄龟，凶猛鱼类有食人鲳、雀鳝等。种群量较大的主要有克氏原螯虾、福寿螺。克氏原螯虾原产美洲，于第二次世界大战时期由日本传入我国，其繁殖率高，生长快，抗病，耐污染，如今已经广泛分布于长江中下游。福寿螺于20世纪80年代引入，适应环境的能力极强，繁殖快，在湿地环境扩散迅速，已经成为重庆及周边地区的有害动物。

3.2　合理利用采取措施

3.2.1　加强现有湿地资源保护，遏止湿地退化

湿地生态系统是全市重要的自然生态资本，但其现状不容乐观，现有湿地资源整体上呈湿地面积逐步减小、生态质量逐步下降、生态功能逐步降低的趋势，全市现存每一块湿地甚至是自然湿地均处于高强度的人为活动干扰状态下。合理利用湿地资源的首要前提就是要加强对现有资源的抢救性保护。加强水源涵养地保护，加大植树造林力度，保持水土，减少泥沙淤积。加大污水处理设施建设力度，禁止污水直排。提高农业灌溉和生活用水节约技术，减少水资源浪费。提高城市河流改造措施，加强环境影响评估，增加地表径流，以补充河流水源。加强库塘维护，减少水源流失。

3.2.2　建立湿地资源评价体系，探索补偿机制

科学利用湿地资源，必须通过其资源价值评价体系来印证湿地的社会价值和生态作用，从而科学地服务社会、造福人类。通过已建立的湿地自然保护区、湿地公园，开展资源生态价值评价体系建设；同时，通过湿地生态旅游，来辅助或丰富其价值的评价内容，最大限度的展示湿地生态、经济和社会效益。对于内陆淡水湿地生态系统，采取措施，加强管理，打击非法侵占湿地和逆转湿地属性的行为，严格禁止非法围垦、采挖、堤岸工程、景点建设、餐饮宾馆建设侵占湿

地；对已经大面积围垦的长江洲滩，综合评估其生态安全、防洪抗旱、经济可持续发展等多方面客观需求等，实施积极的退田还湿措施，增加湿地面积，探索湿地生态效益补偿，调动社会力量参与湿地保护与建设。

3.2.3　建立湿地保护研究网络体系，加强湿地自然保护区、湿地公园的建设和管理

建立自然保护区、湿地公园是保护湿地资源最有效的途径。重庆市虽然已经相继建立了一批湿地自然保护区及湿地公园，但由于缺乏规划，保护区、湿地公园的布局不合理和类型不完善，现有保护区和公园的管理工作水平不高，设备、资金严重不足，建设力度不够，本应建立湿地自然保护区的未提上议事日程，已建的由于管理不善、投入少等原因不能有效发挥应有的功能。对于重庆市的湿地保护，要从抢救性保护的要求出发，按照有关法律法规，采取积极有效的措施，在适宜地区抓紧建立不同级别的湿地自然保护区，对全市湿地实施有效保护和管理。对那些不具备条件划建自然保护区的，要因地制宜建立湿地公园、湿地保护小区、湿地多用途管理区或野生动物栖息地等多种形式加强保护管理。湿地保护管理机构及相关部门应加强湿地监测，特别是资源利用后的年动态变化、生物多样性变化、湿地水文、水质等情况的监测，编制湿地信息管理系统，为湿地资源的科学管理和合理利用提供科学依据。

3.2.4　治理污染，减轻对湿地资源的威胁

水污染的防治和水质的改善是保护湿地资源的有效途径之一。首先要实行总量控制，积极治理重点污染源，解决影响大的江、河、湖泊污染的治理；为保护水质和预防水质恶化，通过开展排污申报登记、发放排污许可证、采取集中控制和限期治理等措施，对排放污染物的工矿企业进行严格管理，查清水污染源的水质、水量、种类和排污口的设置；在此基础上分配总量控制指标，把工业废水污染总量控制在一定范围内，对无法达标的企业，实行关、停、并、转、罚。其次实施生态保护工程，通过一系列规划、工程的组织实施，为恢复、保护长江流域自然环境提供良好的生态条件。最后应建立水质和水文监测网，实行连续的生态监测，了解湿地水质和水文的变化，进行湿地生态影响评价，建立天然湿地的保障机制。

第二节
湿地资源可持续利用前景分析

1　湿地资源可持续利用的潜力

湿地与人类生存息息相关，它不仅为人类提供多种资源，而且具有巨大的生态价值和环境效益，被称为“生命的摇篮”“地球之肾”和“鸟的乐园”。然而由于开发者对湿地环境功能和生态效益的认识不足以及经济方面的“短视”行为，湿地利用过程中出现盲目开垦、过度开发和忽视保护等一系列问题。如果人们合理采收、利用并注意保护，就可以永续利用，造福后代；反之，如果不注意保护，进行掠夺式的采收利用，就会使资源迅速枯竭，生态系统失去平衡，导致人类生存环境迅速恶化。因此，对待湿地资源，我们既要充分合理利用，以满足社会生产生活的需要，又要注意保护，使其正常地生存发展，不破坏所形成的生态环境。为了长期稳定地利用湿地资源，

挖掘重庆市湿地资源可持续发展潜力非常必要。

1.1　发展湿地生态旅游

生态旅游是当今世界旅游发展的潮流，也是旅游研究热点。湿地富有生物多样性、文化多样性，具有较高的旅游价值、环境教育功能及社区参与功能，是开展生态旅游的极富潜力的载体。重庆市湿地旅游资源丰富，市场潜力大，有世界闻名的长江三峡，有风景如画的大宁河小三峡、乌江画廊等旅游景点，有北温泉、南温泉、西泉、统景温泉等各具特色的温泉，三峡水库竣工蓄水后，出现“高峡出平湖”的美景。此外，还有生态景观优美、极具观赏保护价值的湿地自然保护区、湿地公园等。要在维护湿地生态平衡、保护湿地功能和生物多样性的前提下，积极推进湿地生态旅游，结合当地民俗民风，深入挖掘湿地文化和人文文化，开展农家乐、观光游、观鸟游、生态体验、品少数民族风情等特色生态旅游业，开发湿地旅游新产品和旅游纪念品，完善旅游景区基础设施和配套设施建设，提高旅游景区档次。

表 4-1　重庆湿地公园名录

序号	湿地公园名称	所在区县	级　别	批复时间	规划总面积（公顷）	湿地面积（公顷）
1	重庆彩云湖国家湿地公园	九龙坡区	国家级	2009.3	52.06	16.18
2	重庆秀湖国家湿地公园	璧山区	国家级	2009.6	435.85	23.02
3	重庆迎凤湖国家湿地公园	垫江县	国家级	2009.6	254.80	50.09
4	重庆酉水河国家湿地公园	酉阳县	国家级	2009.7	2890.90	323.20
5	重庆皇华岛国家湿地公园	忠县	国家级	2009.7	1407.00	849.13
6	重庆阿蓬江国家湿地公园	黔江区	国家级	2009.8	2785.20	1364.45
7	重庆濑溪河国家湿地公园	荣昌区	国家级	2009.8	1511.04	362.14
8	重庆涪江国家湿地公园	潼南区	国家级	2011.3	1450.00	1103.75
9	重庆汉丰湖国家湿地公园	开县	国家级	2011.3	1267.81	948.32
10	重庆龙河国家湿地公园	丰都县	国家级	2011.12	1514.00	559.60
11	重庆大昌湖国家湿地公园	巫山县	国家级	2011.12	1464.73	1113.53
12	重庆青山湖国家湿地公园	万盛经济开发区	国家级	2012.2	1009.00	94.77
13	重庆迎龙湖国家湿地公园	南岸区	国家级	2012.2	222.15	98.14
14	重庆巴山湖国家湿地公园	城口县	国家级	2012.12	1116.30	519.00
15	重庆铜梁安居国家湿地公园	铜梁区	国家级	2014.12	475.28	330.83
16	重庆南川黎香湖国家湿地公园	南川区	国家级	2014.12	465.50	201.19
17	重庆秀山大溪国家湿地公园	秀山县	国家级	2014.12	1277.00	494.76
18	重庆石柱藤子沟国家湿地公园	石柱县	国家级	2014.12	670.84	366.56
19	重庆大足龙水湖湿地公园	大足区	市级	2007.9	767.88	291.96
20	重庆市小安溪湿地公园	合川区	市级	2009.12	2143.00	269.32
21	重庆大石包市级湿地公园	南川区	市级	2013.11	32.00	12.80
22	重庆九曲河市级湿地公园	北部新区	市级	2014.2	225.00	10.08

1.2　发展湿地多功能农业

湿地农业指在天然湿地的基础上改造成以稻田、苇塘、鱼塘、小型水库为主体的农、林、牧、副、渔综合发展的人工农业复合生态系统。由于经济的快速发展以及人类生产生活对湿地资源依赖程度的提高，湿地农业生态系统因围垦、污染、泥沙淤积及过度开发利用受到严重的破坏。重庆市湿地类型多、分布广、区域差异显著、湿地资源独特。根据2010年重庆市统计年鉴数据，重庆市有水稻田湿地类型面积68.20万公顷，所占比重大。建立可持续发展的湿地多功能生态农业可改变目前不合理的农业结构，实现湿地资源合理开发利用与有效保护。

重庆湿地农业今后需要立足向生态保育、旅游休闲、生物生产等多功能农业转变。围绕湿地生态保护与民生改善、发展湿地特色产品并形成产业化目标，将湿地空间优化配置、湿地作物高产栽培、高效湿地农业模式等关键技术进行集成，在农业湿地区域进行高效湿地作物基地、湿地多塘农业示范建设。一是支持、引导企业发展湿地花卉苗木产业。如重庆大足雅美佳水生花卉有限公司利用太空莲种质资源的独特优势，建设中国西部荷花种质资源圃，建立西南湿地植物种质资源基地。二是发展湿地生态旅游业。以湿地公园建设和观赏型湿地农业为载体，开展湿地生态体验、湿地科考教育和水鸟观赏旅游。三是发展湿地产品加工业。采用传统原始工艺，开发优质的原生态湿地产品重点发展保健食品、饮品、湿地农业生态食品、编制品、装饰材料、水生花卉等六大类湿地产品。四是推广高产生态稻米和蔬菜种植为主的的“鱼菜共生”型湿地农业、观光农业化模式。

通过典型示范区的样板作用和新品种、新技术、新模式的引进，以及多层次大范围的技术培训等形式，形成以多功能农业为基础的湿地农业建设推进模式及技术体系，为湿地生态保护和建设提供技术支撑和样板，推动湿地农业的长期可持续发展。

1.3 发挥湿地生态功能，建设高碳汇湿地生态系统

湿地因其独特的特点，具有较高的固碳能力。由于湿地植物的破坏或退化，导致湿地生态系统功能退化和固碳能力减弱，因此通过采取一系列生物措施，利用湿地植物和土壤的固碳能力，减少大气中的二氧化碳含量，从而达到调节气候的目的。加大高碳汇、生物量大的水生经济植物的种植力度，创造和恢复植物碳库和土壤碳库，是当前恢复湿地功能的一种经济实惠的有效途径。结合重庆湿地自然特征及社会经济条件，选择典型湿地地区，探索建设高碳汇湿地生态系统的成功利用模式，推进湿地生态系统保护与修复，开展受损湿地碳汇功能修复技术研究和湿地自然生态系统碳汇能力分析与评估，建设温室气体监测技术体系和管理平台，提高我市环境保护和履行国际公约能力。

2 湿地资源可持续开发利用的优势

2.1 交通区位优势

重庆两江环抱，承东启西，沟通南北，东连湖湘，西出川陕，南达云贵，北上中原。从地理区位看，重庆是西部大开发的桥头堡，是西部市场的窗口。随着长江三峡库区的形成，为重庆航运带来千载难缝的发展机遇，不但使境内的680公里长江航道条件得到极大改善，库区航道由原来的三级提高到一级，5000吨级单船和万吨级船队可直达重庆，还使市辖区内乌江、嘉陵江等8条支流730公里航道的水位上升，境内的通航里程将由4000公里增加到6000公里，境内长江水

系形成发达的水上运输网络。据《2014年重庆统计年鉴》等统计，截至2013年年底客运量17.14亿人，民用车辆407.62万辆。至2013年已建成高速公路2312公里，围绕主城有两条环绕高速公路，主城向四周发射出去有多条高速公路。如重庆至成都，重庆至贵州，重庆至宜昌，重庆至长沙，重庆至武胜，重庆至邻水，重庆至遂宁，重庆至泸洲等，辐射四周城市群。重庆拥有成渝铁路、渝利铁路、渝黔铁路、襄渝铁路、渝怀铁路、遂渝铁路。得天独厚的交通区位优势是重庆湿地资源开发利用的基础性条件，湿地资源首先具有可进入性才能更好地利用。人们可以选择很便利的交通到达自然保护区或湿地公园。同样湿地产品也可以较快捷的运输出去。重庆市的较好的交通区位优势，为湿地资源可持续开发利用提供便利。

2.2 资源优势

重庆市湿地面积大，分布广，类型多样，生物多样性丰富，湿地主要分布于河流、湖泊和水库及周围地区，总面积20.72万公顷。全市有湿地动物563种，湿地植物707种。很多湿地动物具有重要的经济价值，尤其是鱼类资源，是重庆市水产品的主要种质来源，如长吻鮠、岩原鲤、中华倒刺鲃、华鲮等肉质好的名贵经济鱼类，还有白甲鱼、胭脂鱼、圆口铜鱼、三角鲂等十多种江河鱼类为名特优鱼类。很多湿地植物长期以来被人类利用，如菱、藕、茭瓜、慈姑、荸荠等为公众所喜食的水生蔬菜；常用作观赏植物的有香蒲、菖蒲、水葱、荷花、睡莲、碗莲、芦竹、黄花鸢尾、慈姑、泽泻、芦苇、红蓼、芋、水鳖、金鱼藻、狐尾藻、黑藻、眼子菜、菹草等，资源优势明显。

2.3 科技支撑优势

重庆市积极开展湿地生态系统结构与功能的基础研究，加强湿地保护技术、湿地恢复和修复技术、可持续利用技术、管理技术、资源监测技术等应用技术的研究，启动湿地生态服务功能与价值、湿地水质与湿地植物种类关系等课题研究，并与国际组织及科研院校的广泛合作与交流，努力借鉴各地在湿地保护上的有益经验。如对湿地植被恢复、栖息地恢复及湿地生态系统进行研究，重点开展了三峡库区消落带湿地治理、植被恢复重建、试验引种等；推广运用各科研院校的研究成果，为湿地资源开发利用提供技术支撑。建立了重庆市湿地保护与利用的专家咨询委员会，充分发挥专家学者的参谋咨询作用，增强决策的科学性和可操作性，指导湿地科学研究和湿地保护管理工作，为湿地保护管理、湿地合理利用、湿地项目评估等提供科技咨询。

2.4 市场潜力巨大

生态产业是近年来异军突起的一门着眼于生态系统持续发展能力的整合工程技术，随着经济快速发展，人民生活水平的提高，人们对居住环境、工作环境的要求越来越高。首先，湿地生态旅游受到越来越多人的青睐，消费者旅游兴趣的转变使湿地生态旅游成为潮流，一些旅游者更喜欢到原生态特色明显的旅游区去感受大自然的气息，湿地公园客观上能够满足旅游者的要求，开展湿地生态旅游也越来越受到政府和广大老百姓的重视；同时，随着湿地公园建设，促使周边自然生态环境改善，将为湿地公园周边的房地产业、旅游等行业的发展带来新的契机。其次，近年来重庆市城市快速发展过程中，对湿地产品的需求量日益增大，对湿地产品和湿地工程技术的需求也越来越强烈，绿色无公害的湿地产品，也是当下最受欢迎的，迎合了时代的要求。坚持把湿地生态产业与区域经济发展、生态环境保护有机结合，以市场需求为导向，以富民增收为重点，以科学技术为依托，以提高综合效益为目标，创建湿地生态产业的新局面将很快实现。

3 湿地资源可持续开发利用的措施

3.1 完善管理体系

湿地保护管理、开发利用牵涉面广，目前大多数湿地在利用上分部门多头管理，而在保护上却缺乏综合协调管理和利用监督机制；管理体系的不完善、职能交叉和职责不清的状况不适应湿地保护和利用工作的实际需要。因此应抓好湿地管理机构与队伍建设，健全市、县两级湿地管理机构，完善湿地管理制度，配备现代化的办公设施设备，搭建信息化管理平台，不断提高湿地管理水平。加大湿地管理机构和队伍建设力度，完善管理网络，落实人员编制与经费，实现层层有机构和人员，充分发挥湿地保护管理职能，切实履行职责，确保湿地保护管理工作常态化。成立由林业、国土、环保、水利、农业、建设等部门组成的协调机构，建立联席会议制度，共同研究解决湿地保护管理工作中重点、难点、热点问题，制定政策措施，统畴发展利用规划，降低管理成本，提高行政效率。建立综合执法队伍，增强执法力量和执法能力，形成联动的监管机制体制，提高执法手段和执法水平，全面提高监管效能。

3.2 制定并实施湿地资源的全面规划综合治理

湿地主管部门应制定湿地保护和利用规划，并将其纳入地方经济社会总体发展规划。按照“生态优先”原则，统筹开发与保护，坚持在保护前提下，合理开发，在开发利用中严加保护。明确重点保护区域、适度开发区域和生态恢复区域，对不同区域实行分级管理。如对长江沿线的湿地或重点动植物栖息地等具有重要生态价值的湿地应严加保护，禁止任何形式的占用和破坏。对可适度开发的湿地，如重庆城区及区县的湿地等应坚持保护性开发的原则，在保持湿地生态系统完好的前提下，充分利用湿地的特有价值，因地制宜建立湿地保护小区和各种类型湿地公园，进行可持续性的开发。在开发中必须占用湿地的建设项目，应坚持“占用与回补”并举的原则。在挖坑取土，抬高地基的基础建设中，尽量扩大新的水面湿地。建立起湿地开发、保护科学决策机制，研究实践有利于保护的开发模式和技术，制定有利于发展的保护方法和政策。避免填占湿地搞开发的做法，克服把湿地视为“荒地”的片面认识。对关系湿地生态系统的开发建设项目，应进行环境影响评价和科学论证，尽量减少自然资源破坏、损失和浪费，尽量为子孙后代留下可持续利用的自然财富。

3.3 依靠科技加强湿地保护

加强湿地基础研究和生活服务技术研究，建立健全科技支撑体系，为湿地保护与合理利用提供理论支持和技术平台。立足重庆湿地的特色，加强重点课题遴选，加大重点实验室建设力度，建立现代湿地保护与利用技术支撑体系。重庆市应着重建立湿地资源监测站，建设三峡库区、乌江、嘉陵江流域湿地生态定位站，完善监测网络，组建湿地科学技术研究咨询机构，开展湿地法规政策、湿地功能和价值、湿地监测技术、湿地恢复和治理技术、湿地污染控制、湿地生态系统演潜变化规律等领域研究。采取多种措施，加强技术人才队伍建设。对现有湿地工作者采取委派、互派等方式到科研院校、湿地保护管理机构等进行交流学习和进修。积极制定激励政策，加大继续教育培训力度，鼓励职工参加在职培训与学习等。制定优惠政策和措施，建立灵活多样的人才流动机制，加大高素质人才引进力度，不断提升湿地保护管理能力和水平。

3.4 加大对湿地资源保护的资金投入

湿地的恢复和保护是跨部门、多学科、综合性的系统工程，并且初期投资大。湿地保护是一项社会公益事业，加大财政投入是公共财政的重要职能，各级政府应承担起湿地保护责任。政府投入主要用于基础领域建设，把湿地保护与恢复、能力建设以及基础研究等纳入财政预算予以保障。逐渐实行政府财政、社会、个人多元化、多层次、多渠道的经费投入机制，实现融资方式多样化。建议建立“保护湿地专项基金”，如广泛争取国际援助；鼓励各类投资主体向湿地保护投资；对不得不占用的湿地资源，开发商应以货币的形式进行补偿；规范利用专项基金，建立全社会参与湿地保护的投入机制。建立湿地生态效益补偿制度，按照“谁利用谁补偿，谁受益谁补偿”的原则，向渔业、水电、旅游、航运等征收补偿费，用于湿地保护事业；积极开展财政对湿地自然保护区、湿地公园生态效益补偿试点，建立湿地生态环境和湿地野生动植物资源保护补偿及赔偿机制。鼓励社会各界捐助和投资，争取关心湿地生态保护的社团和个人的捐赠，建立湿地生态环境保护基金。在不改变当地湿地功能的情况下，积极开展湿地生态环境保护与可持续利用的工作。坚持“谁治理谁收益”的原则，调动全社会重视和投入湿地生态环境保护的积极性。

3.5 制定相关法规政策，依法加强湿地管理

加快湿地立法进程，以法律的手段对湿地资源进行科学管理和合理利用，保障湿地保护管理的政策及措施落到实处，从而提高湿地效益。加快制订出台《重庆市湿地保护条例》，以法律的形式明确湿地保护与利用的宗旨、原则和行为规范，明确各部门的机构权限及管理分工和法律责任等，为从事湿地保护与合理利用和管理者、利用者等提供基本的行为准则。

加大执法力度，严厉打击破坏湿地资源的违法行为，有针对性地开展专项行动和联合行动，有效保护湿地资源。加强执法监督，强化执法队伍建设，提高执法水平，做到有法可依、有法必依、执法必严、违法必究。

不断完善湿地保护政策措施，结合重庆湿地保护与利用的实际情况，加强政策研究，建立完善政策体系。如制定特殊优惠政策，制定在部门发展中优先注意保护湿地生物多样性、建设湿地公园、湿地自然保护区的政策，在投资、信贷、项目立项、技术帮助等方面解决政策引导问题；对湿地公园、湿地自然保护区所征用土地给予优惠政策，政府对湿地公园各项基础建设和创收收入进行减免税收政策，保证建设工程顺利完成，增强湿地公园自养能力。制定湿地公园、自然保护区、湿地项目建设管理办法及实施细则，促进其得到有效管理与发展。严格湿地用途管制，积极探索建立湿地占补平衡机制，有效遏制湿地逆转。

第五章 湿地资源评价

第一节 湿地生态状况

1 重庆湿地水环境生态状况

1.1 区域水环境基本状况

重庆市位于长江上游，幅员面积82403平方公里。境内河流纵横，长江自西南向东北横贯市境，北有嘉陵江，南有乌江汇入，形成向心的、不对称的网状水系。境内流域面积大于100平方公里的河流有207条，大于1000平方公里的河流有40条。2009年全市平均降水量1029.60毫米，折合年降水量848.37亿立方米，比上年减少13.32%，比多年平均降水量减少13.05%，属偏枯年份。2009年全市当地地表水资源量为455.91亿立方米，比上年偏少20.98%，较多年平均值偏少19.70%。2009年全市地下水资源量为81.86亿立方米。其中宜宾至宜昌、乌江水系岩溶地区地下水资源量丰富，西部地区地下水资源量少。

30个重点调查湿地基本覆盖了重庆市辖区，其分布如重庆重点湿地资源调查分布图(图5-1)。

1.2 湿地水环境基本水文特征

重庆湿地面积20.72万公顷，湿地水资源补给来源主要是大气降水、地表径流、或者“三水”转换综合补给。重庆境内长江干流自西向东贯穿全境，流程长665千米，形成众多湿地。湿地区积水状况大部分为永久性积水，部分面积相对较小的湿地区如重庆阳水河湿地自然保护区、重庆濑溪河国家湿地公园为季节性积水。重庆市境内碳酸盐岩面积达41400平方公里，占幅员面积的51%。因此，湿地水环境具有典型的岩溶区水文特征，即水文动态变化大，干旱和洪涝灾害容易发生。由于地形切割深，加上其碳酸盐岩与非碳酸盐岩互层发育格局，湿地在不同海拔高度上均有分布。

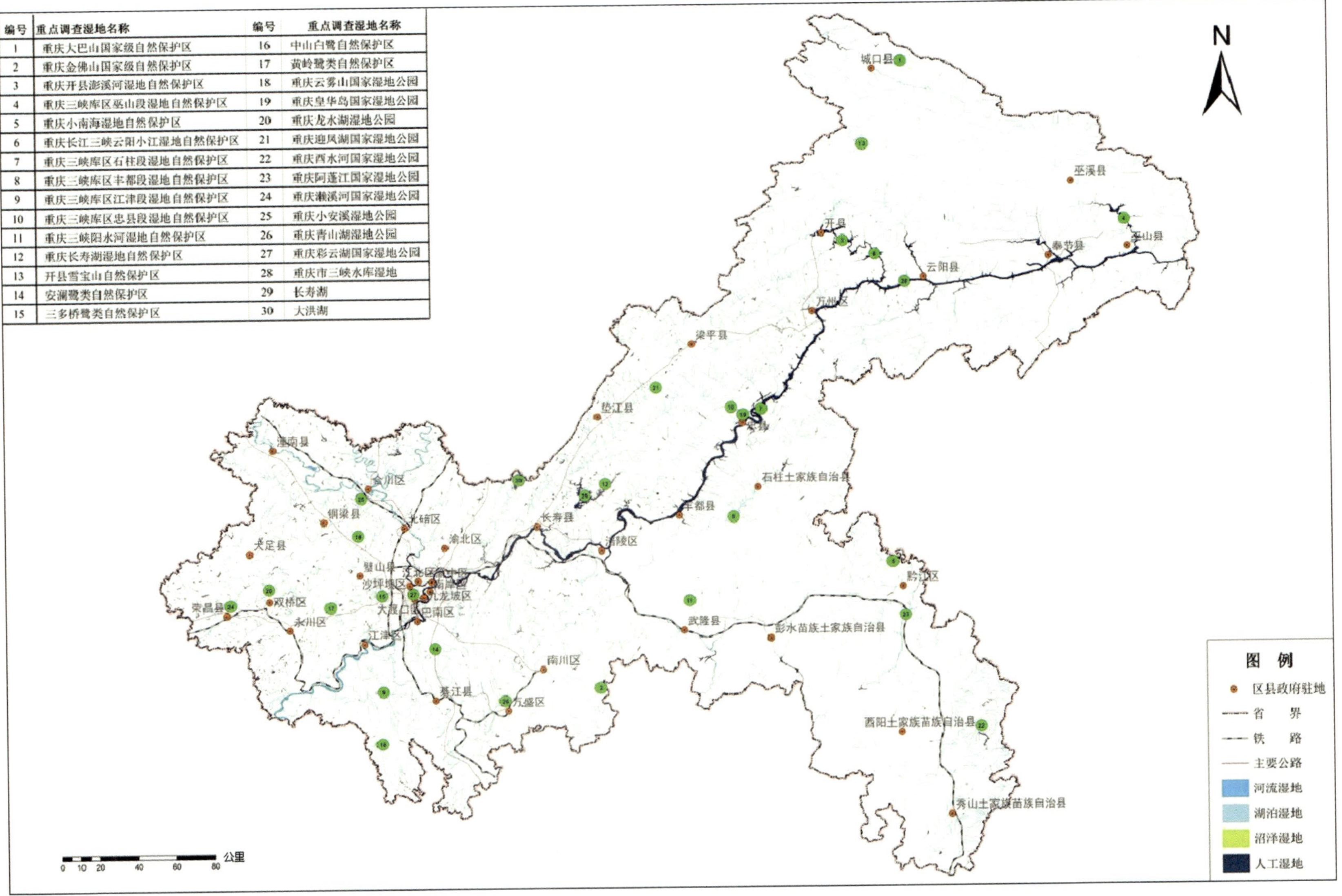

编号	重点调查湿地名称	编号	重点调查湿地名称
1	重庆大巴山国家级自然保护区	16	中山白鹭自然保护区
2	重庆金佛山国家级自然保护区	17	黄岭鹭类自然保护区
3	重庆开县澎溪河湿地自然保护区	18	重庆云雾山国家湿地公园
4	重庆三峡库区巫山段湿地自然保护区	19	重庆皇华岛国家湿地公园
5	重庆小南海湿地自然保护区	20	重庆龙水湖湿地公园
6	重庆长江三峡云阳小江湿地自然保护区	21	重庆迎凤湖国家湿地公园
7	重庆三峡库区石柱段湿地自然保护区	22	重庆酉水河国家湿地公园
8	重庆三峡库区丰都段湿地自然保护区	23	重庆阿蓬江国家湿地公园
9	重庆三峡库区江津段湿地自然保护区	24	重庆濑溪河国家湿地公园
10	重庆三峡库区忠县段湿地自然保护区	25	重庆小安溪湿地公园
11	重庆三峡阳水河湿地自然保护区	26	重庆青山湖湿地公园
12	重庆长寿湖湿地自然保护区	27	重庆彩云湖国家湿地公园
13	开县雪宝山自然保护区	28	重庆市三峡水库湿地
14	安澜鹭类自然保护区	29	长寿湖
15	三多桥鹭类自然保护区	30	大洪湖

图 5-1 重庆重点调查湿地资源分布图

1.3 湿地水质基本状况

根据资料和国家地下水质量标准《GB/T14848—93》，以重庆30个重点调查湿地为样本，对样本湿地水的pH值、矿化度、总磷、总氮、化学需氧量、浑浊度、主要污染因子和水质等级进行统计。

水的pH值为弱碱性，其pH值变化范围为6.20~8.13。

矿化度变化范围在0.1~0.8克/升之间，均为淡水，仅安澜鹭类自然保护区水的矿化度为2.36克/升，为微咸水，其pH值为6.20，为调查的30个湿地中最低的。

浑浊度：变化范围为0.3~3.1米，少数大于1米，多为浑浊水体。仅大巴山自然保护区，小南海湿地自然保护区和大洪湖3处水的透明度在3米以上，水体清澈。按地下水质量标准，除上述三地外，其他样本湿地均为Ⅱ或Ⅲ类水。

总磷和总氮：总磷+总氮反映水体富营养状况。总磷普遍较低，均小于0.3毫克/升，按地下水质量标准，单项水质等级均为Ⅱ级。总氮含量在0.15~0.92毫克/升之间，均低于5毫克/升，单项水质等级为Ⅰ类或者二类水。样本湿地水体富营养化状况不严重，多数为贫营养，一些是中营养。个别为富营养，如重庆小安溪湿地公园水体。

主要污染因子：对样本湿地的水质指标的影响因子分析发现，主要污染因子为总氮(含总磷)，其次是化学需氧量，水质等级为Ⅰ~Ⅲ类。安澜鹭类自然保护区水体受到生活污水影响，单项水质指标定为Ⅴ类水。三多桥鹭类自然保护区水体受到工业废水影响，单项水质指标定为Ⅳ类水。重庆小安溪湿地公园水体总磷+总氮和类大肠杆菌指标偏高，说明受到人畜粪便和生活污水影响，为Ⅳ类水。

调查发现重庆市湿地生态系统水环境质量不容乐观，部分湿地水质为劣Ⅴ类，仅极少数湿地水质为Ⅱ类水以上。从区域分布上来看"两翼"地区湿地水环境质量略好于主城及周边地区，城市湿地水环境质量劣于村镇。2009年长江、嘉陵江、乌江、涪江和渠江(以下简称"五江")重庆段水质保持稳定。据2010年重庆市水资源公报，2009年"五江"重庆境内评价河段长共计1211公里，水质评价结果表明：若排除粪大肠菌群、总磷和总氮的影响，"五江"评价河段全年期水质均为Ⅲ类。从时空上看，长江干流重庆市境内，丰水期污染明显，城市江段污染重于非城市江段，并在城市江段形成了明显的岸边污染带。

次级河流水质状况变化如图5-2。2008年，全市58条主要次级河流122个监测断面中，水质为Ⅰ类、Ⅱ类、Ⅲ类、Ⅳ类、Ⅴ类和劣Ⅴ类的断面分别占12.3%、24.6%、36.9%、14.7%、2.5%和9.0%；其中，满足水域功能要求的断面比例为78.7%(图5-3)。与2007年相比，次级河流水质满足Ⅲ类和满足水域功能要求的断面比例分别上升4.6个和7.9个百分点。

2009年，根据对全市46个重要城市饮用水水源地逐月水质监测评价分析表明：水源地全年水质合格率为82.2%，超标项目有氨、氮、铁、锰等。另外，全市次级河水质状况保持相对稳定，但是总体水质状况仍不乐观。对近5年水质类别评价表明：Ⅲ类(包含Ⅰ类、Ⅱ类)呈上升变化趋势，水质逐年好转。Ⅳ类、Ⅴ类和劣Ⅴ类大致呈下降变化趋势。

综合来看，湿地水环境污染主要来自于工业废水废渣、农业面源污染、城镇污水和垃圾、农村生活污水和垃圾、高密度养殖等。据2009年重庆市水资源公报，2009年全市废污水排放总量共计28.2888亿吨（不含火电厂直流式冷却水和矿坑排水），其中城镇居民生活污水排放量为6.0156亿吨，第二产业废污水排放量20.4626亿吨，第三产业污水排放量为1.8105亿吨，分别占废污水排放总量的21.27%、72.33%、6.40%。

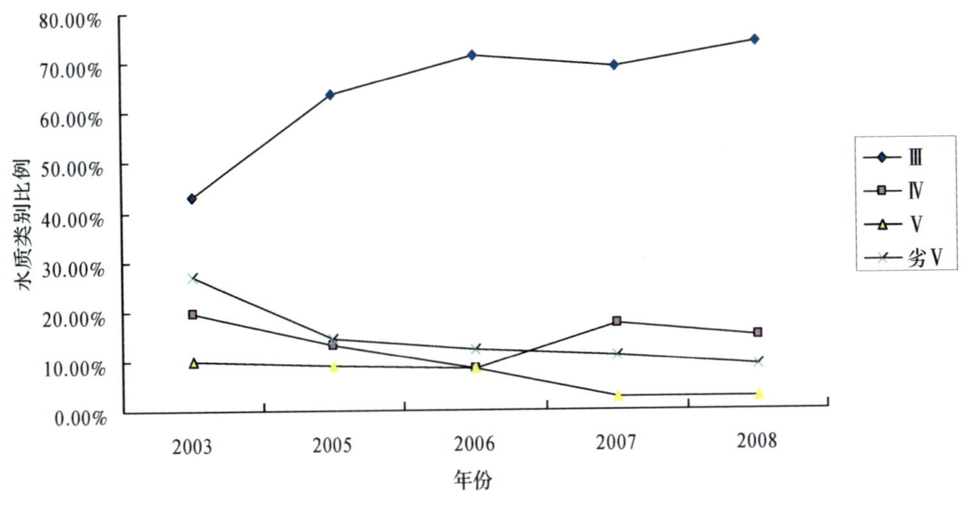

图5-2　重庆次级河流各年水质状况变化图（2008年）

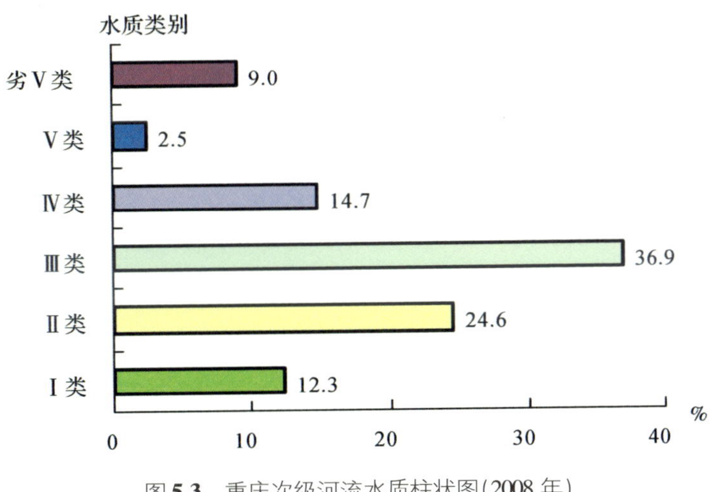

图5-3　重庆次级河流水质柱状图（2008年）

1.4　湖泊及库塘水体状况

调查发现重庆市境内江河库塘水体富营养化趋势严重，严重影响湿地水环境质量。以三峡库区为例，蓄水后三峡库区水质虽无明显变化，仍以《地表水环境质量标准（GB3838—2002）》Ⅲ类水质为主，但是库区回水区域富营养化严重。三峡库区成库后重点库段断面平均流速仅为建库前的1/10左右，平均水深为先前的数倍以上，流速的降低和水深的变大导致污染物扩散系数大大降低，在一定程度上加剧了回水区域的支流河段的富营养化状况。2009年库区32条一级支流回水区上游水体呈富营养的断面占11.1%，回水区中段水体呈富营养的断面占34.2%，巫山县大宁河、丰都县龙河回水区部分河段曾发生“水华”现象。

重庆市水土流失严重，据2009年重庆市水资源公报，全市水土流失面积4.0万平方公里，占幅员面积的48.55%。平均土壤侵蚀模数3642吨/平方公里·年，土壤侵蚀总量1.46亿吨/年。其中三峡库区水土流失面积2.9万平方公里，占幅员面积的50.6%，平均侵蚀模数3791吨/平方公里·年，土壤侵蚀总量1.1亿吨/年。大量的水土流失，加速了N、P等土壤营养元素富积于水体，同时间接加重了农业面源污染。以三峡库区为例，大量农药不合理施用对三峡库区土壤、水体等农业环境和农作物造成污染，特别是一些高残留、高毒农药残留时间长，降解、分解缓慢，在农作物收获后仍有农药残留，通过食物链和生物富集作用污染其他食品，对人体健康构成威胁。化肥流失引起水体富营养化、作物和水体硝酸盐含量增加，水体富营养化使水生物(藻类)大量繁殖，水中溶解氧急剧降低，成为死水、臭水。三峡库区N肥施用量过大，N肥利用率低的状况极为普遍。大量的肥料被挥发损失、反硝化脱氮与淋溶损失、或随水土流失与地表径流和冲刷流失，60%以上氮流失至环境中，成为长江水体重要污染源之一。

分散在农村居民居住区和耕作区周边的小型库、塘与沟渠，是农业种养殖面源污染和居民生活污水进入主要河道的前置蓄积库，发挥了重要的前期蓄积、沉淀、分解和降解作用，但由于农村生活污水污染、堆放垃圾、过渡养殖等，这些小型湿地基本被破坏。

总之，影响重庆市湿地水环境生态状况的因素比较复杂。过度地不合理开发湿地，生活污水和工业废水排放，过度开垦荒山或不合理的土地利用方式，植被退化，水土流失加剧，以及拦蓄工程对区域水文地质条件改变等因素，是造成湿地水环境生态状况恶化的主观原因；全球气候变暖，降雨减少，以及深切峡谷型地貌特征，水循环过程快等因素，是造成湿地水环境生态状况变坏趋势的客观因素。针对区域湿地水环境存在的问题，需加强公众宣传教育，提高人们水环境的认知度和保护意识。完善污水处理设施，依法管理“三废”排放，严格执法。加强水污染事件应急防治能力建设。建立健全湿地水环境监测系统，强化湿地管理，开发和保护并重，增加保护湿地的资金投入。

2 重庆湿地生态状况评价

2.1 评价方法

湿地生态状况直接反映湿地生态系统的健康水平，也是评价湿地生态功能是否正常发挥和满足人类需要的重要依据。依据本次调查成果数据，综合利用反映湿地生态状况的自然湿地面积、生物多样性、水环境，及湿地利用和受威胁状况等方面指标，对本次重点调查湿地进行了湿地生态状况的综合评价(表5-1)。

表5-1 指标体系一览表

一 级	二 级	三 级	因 子
自然指标	景观指标	自然湿地率	自然湿地面积/湿地总面积
		湿地密度	平均斑块面积/湿地总面积
		湿地斑块密度	湿地斑块数/湿地总面积

（续）

一 级	二 级	三 级	因 子
自然指标	生物多样性指标	单位面积物种多度	物种数量/湿地面积
		植物覆盖度	植被面积/湿地面积
		外来物种入侵	有、无
	水环境指标	污染物	有、无
		富营养	贫、中、富3级
		水质级别	I、II、III、IV、V5级
人为干扰指标	社会指标	人口密度	人口数量/重点调查面积
		利用情况	工(旅游)、农、水、未4级
	威胁指标	威胁因子数量	数量
		威胁程度	安全、轻、重3级

采用层次分析方法(AHP)和德尔菲法，对评价指标进行分级和赋值，确定指标权重。

各指标标准值，见表5-2。

自然湿地率，湿地密度，湿地斑块密度，单位面积物种多度，植被覆盖度，人口密度六个指标根据大小分为五级，分别赋值1、3、5、7、9，指标值越高反映的生态状况越好。外来物种入侵，污染物两个指标，分两个等级，“有”赋值2，“无”赋值8。营养状况分三级，贫营养赋值8，中营养赋值5，富营养赋值2。水质级别分五级，分别赋值9、7、5、3、1。利用情况分四级，工业(旅游)赋值3，农业(种植、牧业、林业)赋值5，水源地赋值7，未利用赋值9。威胁因子数量，分为十级，采用“10－数量”来赋值。威胁程度分为三级，安全赋值8，轻度赋值5，重度赋值2。

表5-2 重庆重点调查湿地指标值

湿地名称	自然湿地率	湿地密度	湿地斑块密度	单位面积物种多度	植物覆盖度	人口密度(人/公顷)
重庆大巴山国家级自然保护区	0.96	0.02	0.031	0.521	0.016	485
重庆金佛山国家级自然保护区	1	0.11	0.068	6.248	0.240	141
重庆开县澎溪河湿地自然保护区	0	1	0	0.298	0.024	501
重庆三峡库区巫山段湿地自然保护区	0.03	0.25	0.001	0.236	0.016	287
重庆小南海湿地自然保护区	1	0.25	0.013	2.058	0.015	1480
重庆长江三峡云阳小江湿地自然保护区	0	1	0	0.231	0.020	510
重庆三峡库区石柱段湿地自然保护区	0	1	0	0.266	0.015	439
重庆三峡库区丰都段湿地自然保护区	0.49	0.33	0.005	1.012	0.085	2521
重庆三峡库区江津段湿地自然保护区	1	0.17	0.007	0.790	0.039	564
重庆三峡库区忠县段湿地自然保护区	1	0.25	0.081	13.339	0.899	510
重庆三峡阳水河湿地自然保护区	0.60	0.25	0.023	3.537	0.091	2049
重庆长寿湖湿地自然保护区	0	1	0.002	1.008	0.019	227

（续）

湿地名称	自然湿地率	湿地密度	湿地斑块密度	单位面积物种多度	植物覆盖度	人口密度（人/公顷）
开县雪宝山自然保护区	1	0.2	0.080	9.771	0.280	444
安澜鹭类自然保护区	1	1	0.077	36.952	0.354	314
三多桥鹭类自然保护区	0	1	0.120	60.552	0.180	2375
中山白鹭自然保护区	1	1	0.038	21.008	0.122	233
璧山县黄岭鹭类自然保护区	1	0.50	0.060	13.066	0.199	7000
重庆云雾山国家湿地公园	0	1	0.043	23.047	0.052	5720
重庆皇华岛国家湿地公园	0	0.33	0.003	0.649	0.001	843
重庆龙水湖湿地公园	0	0.50	0.007	1.894	0.005	5322
重庆迎凤湖国家湿地公园	0	1	0.004	1.868	0.004	4190
重庆酉水河国家湿地公园	1	0.33	0.009	2.239	0.074	136
重庆阿蓬江国家湿地公园	0.89	0.17	0.004	0.446	0.013	2137
重庆濑溪河国家湿地公园	0.96	0.25	0.021	3.191	0.085	3300
重庆小安溪湿地公园	1	1	0.039	21.448	0.083	375
重庆青山湖湿地公园	0	1	0.020	8.714	0.025	1943
重庆彩云湖国家湿地公园	0	1	0.059	27.986	0.131	2375
长寿湖	0	0.25	0.001	0.145	0.005	227
大洪湖	0	1	0.001	0.598	0.018	431
重庆市三峡库区湿地	0	0.03	0	0.010	0.004	1756

各指标权重确定（表5-3）：

表5-3 指标体系权重表

一 级		二 级		三 级	权 重
自然指标	0.6	景观指标	0.1	自然湿地率	0.030
				湿地密度	0.012
				湿地斑块密度	0.018
		生物多样性指标	0.45	单位面积物种多度	0.108
				植物覆盖度	0.108
				外来物种入侵	0.054
		水环境指标	0.45	污染物	0.054
				富营养	0.081
				水质级别	0.135
人为干扰指标	0.4	社会指标	0.4	人口密度	0.064
				利用情况	0.096
		威胁指标	0.6	威胁因子数量	0.084
				威胁程度	0.156

根据统计学累计求和公式，计算每处重点调查湿地生态状况综合得分（表5-4）。

综合得分 $= \sum$ 指标值 × 指标权益

表 5-4　重庆重点调查湿地指标赋值及综合得分

湿地名称	自然湿地率	湿地密度	湿地斑块密度	单位面积物种多度	植物覆盖度	人口密度	外来物种入侵	营养状况	污染物	水质	利用情况	威胁因子	威胁程度	综合得分
重庆大巴山国家级自然保护区	9	1	3	1	1	9	8	5	8	9	7	9	5	5. 820
重庆金佛山国家级自然保护区	9	1	5	1	3	9	8	8	8	7	3	10	8	6. 213
重庆开县澎溪河湿地自然保护区	1	9	1	1	1	9	2	8	8	5	7	8	8	5. 403
重庆三峡库区巫山段湿地自然保护区	1	3	1	1	1	9	8	8	2	5	3	9	5	4. 563
重庆小南海湿地自然保护区	9	3	1	1	1	9	8	5	8	5	7	9	8	5. 736
重庆长江三峡云阳小江湿地自然保护区	1	9	1	1	1	9	8	8	2	5	5	9	5	4. 827
重庆三峡库区石柱段湿地自然保护区	1	9	1	1	1	9	8	5	8	7	5	7	5	5. 010
重庆三峡库区丰都段湿地自然保护区	5	3	1	1	1	9	2	5	2	7	5	0	2	3. 354
重庆三峡库区江津段湿地自然保护区	9	1	1	1	1	9	8	5	8	5	5	10	8	5. 604
重庆三峡库区忠县段湿地自然保护区	9	3	7	3	9	9	8	8	2	7	5	9	5	6. 453
重庆三峡阳水河湿地自然保护区	7	3	1	1	1	7	8	5	8	9	9	9	8	6. 280
重庆长寿湖湿地自然保护区	1	9	1	1	1	9	8	8	2	5	5	10	8	5. 379
重庆开县雪宝山国家级自然保护区	9	1	7	1	3	9	2	8	8	7	9	8	8	6. 333
安澜鹭类自然保护区	9	9	7	7	3	9	2	5	2	1	9	8	5	5. 232
三多桥鹭类自然保护区	1	9	9	9	1	7	8	5	2	3	5	8	5	5. 353

（续）

湿地名称	自然湿地率	湿地密度	湿地斑块密度	单位面积物种多度	植物覆盖度	人口密度	外来物种入侵	营养状况	污染物	水质	利用情况	威胁因子	威胁程度	综合得分
中山白鹭自然保护区	9	9	3	3	1	9	8	8	8	5	5	9	8	6.111
璧山县黄岭鹭类自然保护区	9	5	5	3	3	1	2	5	8	7	7	8	5	5.389
重庆云雾山国家湿地公园	1	9	3	3	1	1	2	5	8	5	3	8	5	4.291
重庆皇华岛国家湿地公园	1	3	1	1	1	9	8	8	2	7	3	9	5	4.833
重庆龙水湖湿地公园	1	5	1	1	1	3	2	8	2	7	3	8	5	4.065
重庆迎风湖国家湿地公园	1	9	1	1	1	5	8	8	8	5	3	9	5	4.703
重庆西水河国家湿地公园	9	3	1	1	1	9	8	5	2	5	3	9	5	4.560
重庆阿蓬江国家湿地公园	9	1	1	1	1	7	2	5	2	5	3	7	8	4.384
重庆濑溪河国家湿地公园	9	3	1	1	1	5	8	8	2	5	3	10	8	5.099
重庆小安溪湿地公园	9	9	3	3	1	9	8	2	2	3	3	9	8	4.839
重庆青山湖湿地公园	1	9	1	1	1	7	2	8	2	5	3	8	5	4.099
重庆彩云湖国家湿地公园	1	9	5	5	1	7	8	8	8	5	3	8	8	5.719
长寿湖	1	3	1	1	1	9	8	8	8	5	7	6	5	5.019
大洪湖	1	9	1	1	1	9	8	8	8	5	7	3	5	4.839
重庆市三峡库区湿地	1	1	1	1	1	7	2	8	2	5	5	8	5	4.195

2.2　湿地生态状况评价

根据综合得分，对重点调查湿地的生态状况进行综合评定，再利用 ArcGIS 中的分级自然断点法(natural breaks)对重点调查湿地的生态状况综合得分进行评分。

具体结果见表 5-5。典型湿地如图 5-4 至图 5-9。

表 5-5　重庆重点调查湿地评价值

重点调查湿地名称	综合得分	评价值
重庆龙水湖湿地公园	4.065	良
重庆云雾山国家湿地公园	4.291	良
重庆三多桥鹭类自然保护区	5.353	优
重庆彩云湖国家湿地公园	5.719	优
重庆青山湖湿地公园	4.099	良
重庆三峡库区丰都段湿地自然保护区	3.354	良
重庆三峡阳水河湿地自然保护区	6.280	优
重庆三峡库区石柱段湿地自然保护区	5.010	优
重庆濑溪河国家湿地公园	5.099	优
重庆大巴山国家级自然保护区	5.820	优
重庆开县雪宝山自然保护区	6.333	优
重庆三峡库区巫山段湿地自然保护区	4.563	良
重庆金佛山国家级自然保护区	6.213	优
重庆迎凤湖国家湿地公园	4.703	优
重庆长寿湖湿地自然保护区	5.379	优
重庆长寿湖	5.019	优
重庆大洪湖	4.839	优
重庆璧山县黄岭鹭类自然保护区	5.389	优
重庆安澜鹭类自然保护区	5.232	优
重庆三峡库区江津段湿地自然保护区	5.604	优
重庆中山白鹭自然保护区	6.111	优
重庆小安溪湿地公园	4.839	优
重庆三峡库区忠县段湿地自然保护区	6.453	优
重庆皇华岛国家湿地公园	4.833	优
重庆开县澎溪河湿地自然保护区	5.403	优
重庆长江三峡云阳小江湿地自然保护区	4.827	优
重庆阿蓬江国家湿地公园	4.384	良
重庆市三峡库区湿地	4.195	良
重庆小南海湿地自然保护区	5.736	优
重庆西水河国家湿地公园	4.560	良

图 5-4 重庆彩云湖国家湿地公园

图 5-5 重庆迎风湖国家湿地公园

图 5-6 重庆涪江国家湿地公园

图 5-7 重庆酉水河国家湿地公园

图 5-8 重庆开县澎溪河湿地自然保护区

图 5-9 重庆长寿湖湿地自然保护区

(1)30 个重点调查湿地中生态状况综合得分 4.703~6.453 的，评价值为“优”，包括开县雪宝山自然保护区、重庆大巴山国家级自然保护区、重庆金佛山国家级自然保护区、重庆三峡阳水河湿地自然保护区、重庆三峡库区江津段湿地自然保护区、中山白鹭自然保护区、重庆三峡库区忠县段湿地自然保护区、重庆小南海湿地自然保护区、重庆彩云湖国家湿地公园、三多桥鹭类自然保护区、重庆三峡库区石柱段湿地自然保护区、重庆长寿湖湿地自然保护区、长寿湖、大洪湖、璧山县黄岭鹭类自然保护区、安澜鹭类自然保护区、重庆小安溪湿地公园、重庆濑溪河国家湿地公园、重庆迎风湖国家湿地公园、重庆皇华岛国家湿地公园、重庆开县澎溪河湿地自然保护区、重庆长江三峡云阳小江湿地自然保护区等 22 个。

原因分析：级别为“优”的湿地自然保护区及湿地公园，位置相对偏远，受到人为干扰较少，生物多样性丰富，人口密度小，所受工业污染较小，部分湿地自然保护区为水源地，保护程度较高，湿地受威胁因子较少，湿地评价值得分相对较高。

(2)30 个重点调查湿地中生态状况综合得分 3.353～4.563 的，评价值为“良”。有重庆三峡库区丰都段湿地自然保护区、重庆龙水湖湿地公园、重庆云雾山国家湿地公园、重庆青山湖湿地公园、重庆三峡库区巫山段湿地自然保护区、重庆阿蓬江国家湿地公园、重庆市三峡库区湿地、重庆酉水河国家湿地公园等 8 个。

原因分析：重点调查湿地中评价值级别为“良”的湿地大部分为湿地公园，由于受单位面积物种多度、植物覆盖度、人口密度因子影响，综合得分相对较低，且湿地公园多在城区或城市周边，旅游活动较多，人口密度高，利用强度也高，受人类活动干扰较大，受威胁程度也较高。

第二节　湿地受威胁状况

1　湿地威胁因子分析

重庆市具有丰富的湿地资源，其湿地生态系统对长江流域的水源涵养、水土保持、生物多样性保护具有重要作用。能否合理的开发保护和利用该地区湿地生态系统资源，将直接影响到该区各种动植物生存、人们的生产生活。近年来，受自然要素和人类活动的复合影响，该区域内湿地资源的数量和结构不断发生变化，湿地生态系统受到威胁，因此非常有必要对湿地威胁因子进行分析。影响因子选取是湿地威胁性评价的关键步骤之一，研究表明湿地受威胁主要影响因子包括基建与城市化、围垦、泥沙淤积、污染、过度捕捞和采集、非法狩猎、水利工程和引排水的负面影响、盐碱化、外来物种入侵、过牧、森林过度采伐、沙化等。根据调查，重庆市湿地资源受威胁状况见表 5-6。

表 5-6　重庆重点调查湿地受威胁状况调查表

湿地名称	威胁因子	影响面积（公顷）	已有危害	潜在威胁	湿地受威胁状况等级评价
重庆大巴山国家级自然保护区					轻度
重庆金佛山国家级自然保护区					安全
重庆开县澎溪河湿地自然保护区	水利工程和引排水的负面影响			轻微	安全
	外来物种入侵			轻微	
重庆三峡库区巫山段湿地自然保护区					安全
重庆小南海湿地自然保护区	泥沙淤积	2			安全
	外来物种入侵	2			

（续）

<table>
<tr><th>湿地名称</th><th>威胁因子</th><th>影响面积（公顷）</th><th>已有危害</th><th>潜在威胁</th><th>湿地受威胁状况等级评价</th></tr>
<tr><td rowspan="3">重庆长江三峡云阳小江湿地自然保护区</td><td>泥沙淤积</td><td></td><td></td><td>轻微</td><td rowspan="3">轻度</td></tr>
<tr><td>水利工程和引排水的负面影响</td><td></td><td>有</td><td></td></tr>
<tr><td>外来物种入侵</td><td></td><td>有</td><td></td></tr>
<tr><td rowspan="4">重庆三峡库区石柱段湿地自然保护区</td><td>基建和城市化</td><td>5</td><td>有</td><td></td><td rowspan="4">轻度</td></tr>
<tr><td>泥沙淤积</td><td>5</td><td>有</td><td></td></tr>
<tr><td>污染</td><td>20</td><td>有</td><td></td></tr>
<tr><td>水利工程和引排水的负面影响</td><td>10</td><td>有</td><td></td></tr>
<tr><td rowspan="10">重庆三峡库区丰都段湿地自然保护区</td><td>基建和城市化</td><td>700</td><td>350</td><td>350</td><td rowspan="10">重度</td></tr>
<tr><td>围垦</td><td>100</td><td></td><td></td></tr>
<tr><td>泥沙淤积</td><td>1400</td><td>800</td><td>600</td></tr>
<tr><td>污染</td><td>700</td><td>100</td><td>600</td></tr>
<tr><td>过渡捕捞和采集</td><td>7000</td><td>5000</td><td>2000</td></tr>
<tr><td>非法狩猎</td><td>200</td><td>100</td><td>100</td></tr>
<tr><td>水利工程和引排水的负面影响</td><td>821.1</td><td>550</td><td>271.1</td></tr>
<tr><td>外来物种入侵</td><td>1400</td><td>700</td><td>700</td></tr>
<tr><td>过牧</td><td>350</td><td>200</td><td>150</td></tr>
<tr><td>森林过度采伐</td><td>350</td><td>150</td><td>200</td></tr>
<tr><td>重庆三峡库区江津段湿地自然保护区</td><td></td><td></td><td></td><td></td><td>安全</td></tr>
<tr><td>重庆三峡库区忠县段湿地自然保护区</td><td>基建和城市化</td><td>300</td><td></td><td></td><td>轻度</td></tr>
<tr><td>重庆三峡阳水河湿地自然保护区</td><td></td><td></td><td></td><td></td><td>安全</td></tr>
<tr><td>重庆长寿湖湿地自然保护区</td><td></td><td></td><td></td><td></td><td>安全</td></tr>
<tr><td rowspan="3">开县雪宝山自然保护区</td><td>基建和城市化</td><td></td><td>有</td><td>轻微</td><td rowspan="3">安全</td></tr>
<tr><td>水利工程和引排水的负面影响</td><td></td><td>有</td><td>轻微</td></tr>
<tr><td>外来物种入侵</td><td></td><td>有</td><td>轻微</td></tr>
<tr><td rowspan="2">安澜鹭类自然保护区</td><td>基建和城市化</td><td></td><td></td><td>有</td><td rowspan="2">轻度</td></tr>
<tr><td>外来物种入侵</td><td>0.06</td><td>轻度</td><td></td></tr>
<tr><td>三多桥鹭类自然保护区</td><td></td><td></td><td></td><td></td><td>轻度</td></tr>
</table>

（续）

湿地名称	威胁因子	影响面积（公顷）	已有危害	潜在威胁	湿地受威胁状况等级评价
中山白鹭自然保护区	污染		有		安全
黄岭鹭类自然保护区		1	喜旱莲子草、凤眼莲		轻度
重庆云雾山国家湿地公园		1	喜旱莲子草、凤眼莲		轻度
重庆皇华岛国家湿地公园					轻度
重庆龙水湖湿地公园	基建和城市化	3			轻度
	外来物种入侵	20			
	其他	15			
重庆迎风湖国家级湿地公园					轻度
重庆西水河国家湿地公园	基建和城市化	10	植被破坏	动物栖息地减少	轻度
重庆阿蓬江国家湿地公园	泥沙淤积	5			安全
	污染	8			
	外来物种入侵	6			
重庆濑溪河国家湿地公园					安全
重庆小安溪湿地公园					安全
重庆青山湖湿地公园	污染	5	垃圾及污物	企业及其他	轻度
	外来物种入侵	10			
重庆彩云湖国家湿地公园	基建和城市化		有	轻微	安全
	污染		有	轻微	
长寿湖					安全
大洪湖	基建和城市化		有	轻微	安全
	围垦		少	无	
	泥沙淤积	有	轻微		
	污染				
	水利工程和引排水的负面影响				
	其他				
重庆市三峡库区湿地					安全

1.1 基建及城市化

重庆市 8.24 万平方公里的土地上居住着约 3275.61 万人，其人口密度大于全国平均水平。重庆城市化进程加快，湿地面积的减少也越来越快，主要表现在城市扩张占地、道路占地、以及其他工用、民用设施占地等，这些活动需要更多的城市土地，从而导致流域内水域的连通性降低，地面径流损失增加，湿地径流的调节作用和维持生态系统生产力的作用发生退化，对湿地水环境、水生生物、野生动物栖息地都产生了重要的影响。本次调查发现市内的有些库塘及溪流，盲目地进行农业用地圈围开垦、改变天然湿地用途、占用天然湿地、工程建设(滨江路、建筑物)等，直接造成了重庆都市区天然湿地面积削减、功能下降。城区湿地公园受基建及城市化因子威胁。

1.2 湿地污染

污染不仅使水质恶化，也对湿地的生物多样性造成严重危害。目前，重庆市内的部分湿地已成为工农业废水、生活污水、废物的承泄区，据统计每年有 120 亿吨以上的工业废水和生活污水经盘溪河、溉澜溪、清水溪等排入嘉陵江和长江，使嘉陵江和长江水质受氮、磷等富营养化程度严重。重庆三峡库区丰都段湿地自然保护区、重庆皇华岛、阿蓬江、迎风湖、青山湖等湿地公园，都受到污染因子的威胁。

1.3 泥沙淤积

由于湿地周围植被受到人为破坏，基建及城市化建设的过程中未采取有效的水土保持措施，引起水土流失，泥沙淤积现象严重；根据调查结果显示，泥沙淤积在重庆河段普遍存在，特别是三峡工程建成后，水库变动回水使泥沙淤积累积性增加，边滩加宽，将会对河段的港口、巷道造成严重的影响。重庆长江巫山段、丰都段、黔江段、石柱段等三峡库区的区域泥沙淤积都成为了主要的威胁因子。

1.4 外来物种入侵

此次调查发现的主要入侵生物有凤眼莲、喜旱莲子草、加拿大一枝黄花、福寿螺、牛蛙等。外来物种入侵在重庆市长江流域湿地自然保护区、湿地公园基本都有发现，其中喜旱莲子草、凤眼莲、紫茎泽兰、福寿螺等比较常见。

1.5 过度捕捞和采集

过度捕捞是造成长江流域渔业资源锐减的最重要原因。据调查走访，由于三峡库区水域的野生鱼类大多价格昂贵，部分渔民为了私利，违反禁渔期规定进行捕捞、违规使用禁用的渔具，甚至通过电捕捞的方式，对资源的破坏，尤其对幼鱼的捕杀相当严重，对水产业发展造成严重损伤。长江重庆段水系鱼类从 40 年前的 200 多种降到目前的 170 多种，如中华鲟、白鲟、胭脂鱼等逐年减少，甚至面临绝迹，其中人为因素导致的破坏十分严重。调查还发现，湿地鸟类中的绿翅鸭、凤头潜鸭、苍鹭、夜鹭也已很少见；两栖类的龟和蛙，兽类中的水獭，近年由于人类的大量捕杀，数量也在急剧减少。

1.6　水利工程和引排水的负面影响

此次调查发现，水利工程和引排水的负面影响在重庆长江流域云阳段、石柱段、丰都段都有出现，如水库的修建减少了下游江水的径流量，加重了下游水资源短缺的问题。防洪堤的修建，改变了原生水环境，改变湿地水质，增大矿化度和碱度。

1.7　森林过度砍伐

森林过度砍伐造成森林生态系统退化，导致生物多样性丧失，引发严重的生态危机，如水土流失加剧，自然危机频繁，生态环境恶化，洪水，旱灾，泥石流和沙尘暴频发等灾害。20 世纪 80 年代中期以来，人工造林发展喜人，使三峡地区森林植被覆盖率上升幅度加快。据统计，2010 年全市林业用地面积达 6118 万亩，森林面积 4574 万亩，森林覆盖率 37%，活立木蓄积 1.39 亿立方米。此次调查仅在重庆市三峡库区丰都段自然保护区发现森林过度砍伐的现象。

其他威胁因子如围垦、非法狩猎、盐碱化、沙化现象在调查时较少出现。

2　受威胁状况评价等级

调查表明，全市重点调查湿地主要受到基本建设和城市化、水利工程的负面影响、泥沙淤积、污染等因子威胁，但影响面积均不大，威胁程度也较轻，受威胁状况等级总体评价为安全，部分湿地存在轻度威胁。

2.1　安　全

在所调查的 30 个重点湿地区域中，16 处湿地处于安全和比较安全区间，如重庆市金佛山自然保护区，开县雪宝山自然保护区；三峡库区湿地江津段、黔江段、巫山段等湿地自然保护区；阿蓬江国家湿地公园、濑溪河国家湿地公园等。重庆开县澎溪河湿地自然保护区、重庆长江三峡云阳小江湿地自然保护区、彩云湖国家湿地公园、大洪湖等湿地，由于旅游开发、人类活动等影响，存在潜在的威胁。

2.2　轻度威胁

在所调查的 30 个重点湿地调查区域，13 处存在轻度威胁。有重庆三峡库区石柱段湿地自然保护区、迎风湖国家湿地公园、重庆酉水河国家湿地公园等。

2.3　重度威胁

在 30 个重点湿地调查中仅重庆市三峡库区丰都段湿地自然保护区受到重度威胁。所受威胁因子有基建和城市化、围垦、泥沙淤积、污染、过度捕捞和采集、非法狩猎、水利工程和引排水的负面影响、外来物种入侵、森林过度采伐等。受威胁状况等级为重度威胁。

第三节 湿地资源变化及其原因分析

1 第一、二次全市湿地资源调查结果

1.1 2000 年第一次全市湿地资源调查结果

全市共有湿地 43206.00 公顷(人工湿地仅统计库塘湿地)，占全市国土面积 0.52%，其中自然湿地 31902.00 公顷，占湿地总面积 73.84%；人工湿地 11304.00 公顷，占湿地总面积 26.16%。自然湿地中，河流湿地 31624.00 公顷，湖泊湿地 278.00 公顷；人工湿地中，库塘湿地 11304.00 公顷。

1.2 2010 年第二次全市湿地资源调查结果

重庆市共有湿地 207151 公顷，占全市国土面积 2.52%，其中自然湿地 87503.81 公顷，占湿地总面积 42.30%；人工湿地 119535.74 公顷，占湿地总面积 57.70%。自然湿地中，河流湿地 87289.76 公顷，湖泊湿地 263.49 万公顷，沼泽湿地 62.01 公顷；人工湿地中，库塘湿地 117869.45 公顷，运河/输水河 995.67 公顷，水产养殖场 670.62 公顷(表 5-7)。

表 5-7 两次湿地资源调查结果比较表

湿地类型		2000 年		2010 年		上升或下降
		面积(公顷)	比例(%)	面积(公顷)	比例(%)	
自然湿地	河流湿地	31624.00	73.20	87289.76	42.14	↑
	湖泊湿地	278.00	0.64	263.49	0.13	↓
	沼泽湿地	0	0	62.01	0.03	↑
	小　计	31902.00	73.84	87615.26	42.3	↑
人工湿地	库　塘	11304.00	26.16	117869.45	56.9	↑
	运河/输水河	0	0	995.67	0.48	↑
	水产养殖场	0	0	670.62	0.32	↑
	小　计	11304.00	26.16	119535.74	57.7	↑
合　计		43206.00	100	207151.00	100	↑

注：2000 年数据河流湿地按大于 100 公顷开始统计，其他按大于 50 公顷开始统计；2010 年数据面状按大于 8 公顷开始统计，线状按大于 5 公顷(长大于 5 公里，宽大于 10 米)开始统计。

2　两次湿地资源调查成果比较分析

2.1　湿地总面积比较及原因分析

结果比较：第二次湿地调查湿地总面积比第一次增加了163945公顷。

原因分析：一是第二次湿地调查中河流、沼泽、库塘、水产养殖场等湿地调查范围扩大了。第一次全国湿地资源调查仅对面积在100公顷以上的河流湿地进行了调查，湖泊、库塘等湿地调查范围是面积在50公顷以上的湿地；而第二次调查的则是面积在8公顷以上的湿地，调查范围增大，调查内容更细。二是三峡水利枢纽工程的建成和顺利蓄水，使重庆市库塘湿地面积较第一次调查时有了显著增加。三是第二次湿地资源调查采用了遥感卫片与地形图结合判读的方式，对重庆市的河流、湖泊、沼泽、水产养殖场、运河/输水河进行了准确调查，由于调查技术的完善，大大提高了调查精度，使得调查统计的各类型湿地面积明显增加。

2.2　自然湿地面积比较及原因分析

结果比较：第二次湿地资源调查自然湿地总面积比第一次增加了55713.26公顷。

原因分析：由于调查内容的细化，自然湿地面积总体增加了55713.26公顷，其中河流湿地面积增加显著，湖泊湿地略微减少。

2.2.1　河流湿地比较及原因分析

结果比较：第二次湿地资源调查显示河流湿地面积比第一次增加了55665.76公顷。

原因分析：由于第一次调查的河流湿地仅为100公顷以上部分，第二次湿地资源调查的河流湿地调查范围大大增加，虽然部分长江及支流计入库塘湿地，但河流湿地面积仍增加明显。

2.2.2　湖泊湿地比较及原因分析

结果比较：湖泊湿地面积略微下降。

原因分析：重庆市湖泊湿地主要有小南海一处，第一次调查显示其面积为278.00公顷，第二次调查结果为263.49公顷，比第一次减少14.51公顷，由于第二次调查技术更科学有效，因此第二次调查数据更真实可靠。

2.2.3　沼泽湿地比较及原因分析

结果比较：第二次湿地资源调查显示沼泽湿地面积比第一次增加了62.01公顷。

原因分析：第一次调查未对沼泽湿地进行统计，因此第二次调查沼泽湿地面积62.01公顷均为增加面积。

2.3　人工湿地面积比较及原因分析

结果比较：第二次湿地资源调查显示人工湿地面积比第一次增加了108231.74公顷。

原因分析：一是第一次湿地资源调查人工湿地的起调面积为50公顷，第二次湿地调查起调面积为8公顷，起调面积的减小使得大量库塘、水产养殖场、运河输水河纳入了调查范围，人工湿地面积大量增加；二是第一次湿地资源调查中被列为自然河流湿地的长江及众多支流由于三峡水电枢纽工程的建设在第二次湿地资源调查中被记为人工湿地(库塘湿地)，使得人工湿地大量增加；三是三峡工程的建设和蓄水完成，使水位由原来的 150 多米提升至 175 米，水域面积显著扩大，湿地面积增加明显。

2.3.1 库塘湿地比较及原因分析

结果比较：库塘湿地面积增加了 106565.45 公顷。

原因分析：一是起调面积的减小使得大量库塘纳入了调查范围，库塘湿地面积大量增加；二是第一次湿地资源调查中被列为自然河流湿地的长江及众多支流由于三峡水电枢纽工程的建设在第二次湿地资源调查中被记为库塘湿地，使得库塘湿地面积大量增加；三是三峡工程的建设和蓄水完成，使水位由原来的 150 多米提升至 175 米，水域面积显著扩大，湿地面积增加明显。

2.3.2 水产养殖场湿地比较及原因分析

结果比较：第二次湿地调查面积增加了 670.62 公顷。

原因分析：起调面积的减小使得部分水产养殖场纳入了调查范围，水产养殖场湿地面积有一定程度的增加。

2.3.3 运河/输水河湿地比较及原因分析

结果比较：第二次湿地调查运河/输水河面积增加了 995.67 公顷。

原因分析：起调面积的减小使得部分运河/输水河纳入了调查范围，运河/输水河湿地面积有一定程度的增加。

3 按 2000 年标准统计两次湿地资源调查结果比较分析

重庆市第一次湿地资源调查范围是面积在 100 公顷以上河流湿地、面积在 50 公顷以上的湖泊、库塘湿地，为科学比较两次湿地资源调查成果，对第二次湿地资源调查成果只统计 100 公顷以上河流湿地以及 50 公顷以上的湖泊库塘湿地，则全市湿地面积为 153460.19 公顷，占全市湿地面积的 74.08%。自然湿地面积 47068.88 公顷，其中河流湿地 46805.39 公顷、湖泊湿地 263.49 公顷，人工湿地面积 106391.31 公顷，其中库塘湿地 106391.31 公顷(表 5-8)。

如果只统计面积 100 公顷以上的湿地，与第一次湿地资源调查结果相比，第二次湿地资源调查湿地面积仍增加明显，各湿地类型面积均有较大变化。

3.1 湿地总面积比较及原因分析

结果比较：第二次湿地资源调查湿地总面积比第一次增加了 110254.19 公顷。

原因分析：一是由于第一次湿地资源调查技术手段落后，且对河流湿地面积统计不完全，而第二次湿地资源调查采取了遥感卫片、全球定位系统与地理信息系统和计算机分析等技术，对河流湿地面积进行了相对较准确的调查，使河流湿地调查统计总面积大大增加；二是第一次湿地调查中被列为自然河流湿地的长江及众多支流，由于三峡水电枢纽工程的建设在第二次湿地资源调查中被记为人工湿地(库塘湿地)，使得人工湿地大量增加；三是三峡工程的建设和蓄水完成，使水位由原来的 150 多米提升至 175 米，水域面积显著扩大，湿地面积增加明显。

表 5-8　按 2000 年调查标准统计结果比较表

湿地类型		2000 年		2010 年		上升或下降
		面积(公顷)	比例(%)	面积(公顷)	比例(%)	
自然湿地	河流湿地	31624	73.20	46805.39	30.50	↑
	湖泊湿地	278	0.64	263.49	0.17	↓
	沼泽湿地					
	小　计	31902	73.84	47068.88	30.67	↑
人工湿地	库　塘	11304	26.16	106391.31	69.33	↑
	运河/输水河					
	水产养殖场					
	小　计	11304	26.16	106391.31	69.33	↑
合　计		43206	100	153460.19	100	↑

注：河流湿地按大于 100 公顷开始统计，其他按大于 50 公顷开始统计。

3.2　自然湿地面积比较及原因分析

结果比较：第二次湿地资源调查显示自然湿地总面积比第一次增加了 15166.88 公顷。

原因分析：第一次湿地资源调查中对河流湿地面积统计不完全，而第二次河流湿地调查对河流湿地面积进行了相对较准确的调查，使河流湿地总面积大大增加，总计自然湿地较上次增加了 15166.88 公顷。

3.2.1　河流湿地比较及原因分析

结果比较：河流湿地面积增加了 15181.39 公顷。

原因分析：由于技术原因，第一次湿地资源调查中对河流湿地面积统计不完全，仅对重庆市六大水系的三级以上支流进行了调查统计。而本次河流湿地调查对河流湿地面积进行了相对较准确的调查，使河流湿地总面积大大增加，总计河流湿地较上次增加了 15181.39 公顷。

3.2.2　湖泊湿地比较及原因分析

结果比较：湖泊湿地面积略微下降。

原因分析：重庆市湖泊湿地主要有小南海 1 处，第一次调查显示其面积为 278.00 公顷，第二次调查结果为 263.49 公顷，比第一次减少 14.51 公顷，疑为第一次调查统计误差所致。

3.3　人工湿地面积比较及原因分析

结果比较：第二次湿地面积增加 95087.31 公顷。

原因分析：第一次湿地资源调查中被列为自然河流湿地的长江及众多支流由于三峡水电枢纽工程的建设在第二次湿地资源调查中被记为人工湿地(库塘湿地)，使得人工湿地大量增加；二是三峡工程的建设和蓄水完成，使水位由原来的 150 多米提升至 175 米，水域面积显著扩大，湿地面积增加明显。

3.3.1 库塘湿地比较及原因分析

结果比较：第二次调查库塘湿地面积增加了 95087.31 公顷。

原因分析：一是第一次湿地资源调查中被列为自然河流湿地的长江及众多支流由于三峡水电枢纽工程的建设在第二次湿地资源调查中被记为库塘湿地，使得库塘湿地面积大量增加；二是三峡工程的建设和蓄水完成，使水位由原来的 150 多米提升至 175 米，水域面积显著扩大，湿地面积增加明显。

第六章 湿地保护与管理

第一节 湿地保护管理现状

1 湿地保护和管理现状

近年来，重庆市自然湿地保护初见成效。截至 2014 年年底，重庆市已经建立各级湿地类自然保护区达 12 处，面积达 8.78 万公顷，其中湿地保护面积 1.86 万公顷；建立西水河国家湿地公园等湿地公园 22 处，总面积达 2.44 万公顷，其中保护湿地 1.02 万公顷，受保护湿地面积逐步增加。小南海、长寿湖、大洪湖湿地已列入《中国湿地保护行动计划》我国重要湿地名录。全市湿地面积 20.72 公顷，湿地率(湿地面积占幅员面积百分比)为 2.51%。分布在湿地自然保护区、湿地公园及森林公园、风景名胜区、水源保护区中的湿地 7.4 万公顷，湿地保护率为 35%。

表 6-1 重庆湿地自然保护区概况

序号	湿地自然保护区名称	所在区县	级别	批建时间	面积(公顷)
1	重庆小南海湿地自然保护区	黔江区	县级	2007.8	10583.00
2	重庆三峡库区巫山段湿地自然保护区	巫山县	县级	2007.12	20393.00
3	重庆开县澎溪河湿地自然保护区	开　县	市级	2008.8	3686.00
4	重庆长寿湖湿地自然保护区	垫江县	县级	2008.1	8912.00
5	重庆长江三峡云阳小江湿地自然保护区	云阳县	县级	2008.12	6736.00
6	重庆三峡库区石柱段湿地自然保护区	石柱县	县级	2009.4	1529.49
7	重庆三峡库区丰都段湿地自然保护区	丰都县	县级	2008.1	4000.06
8	重庆三峡库区江津段湿地自然保护区	江津区	县级	2009.4	1178.00
9	重庆三峡库区忠县段湿地自然保护区	忠　县	县级	2008.4	3000.00
10	重庆三峡阳水河湿地自然保护区	武隆县	县级	2009.2	6996.00
11	重庆万州武陵湿地自然保护区	万州区	县级	2011.9	952.10
12	重庆市梅溪河湿地自然保护区	奉节县	县级	2011.9	17343.00

1.1 保护现状

1.1.1 湿地资源保护

近年来，各级政府及部门高度重视湿地资源保护工作。认真组织实施了一批湿地保护工程项目，使湿地生态系统得到修复；加强生物多样性保护，与市环保局联合制定了《重庆市生物多样性保护策略和行动计划(BSAP)》，明确了部门职责和分工；积极开展湿地科学研究和湿地生态监测，2010 年，按照国家林业局的统一部署，全面完成了全市第二次湿地资源调查工作，摸清了家底，为湿地生物多样性保护提供了决策依据。为让广大群众认识湿地、了解湿地，不断提高社会各界对湿地保护重要性的认识，市林业局每年在“世界湿地日”“爱鸟周”“保护野生动物宣传月”期间开展形式多样、内容丰富的宣传活动，极大地强化了公众的湿地保护意识，形成全社会珍惜和爱护湿地的保护氛围。

1.1.2 湿地自然保护区和湿地公园建设

为加大湿地资源保护力度，各级政府积极开展湿地自然保护区、湿地公园、湿地保护小区建设，2014 年年底，全市共建立了开县澎溪河 1 个市级湿地自然保护区和长江三峡巫山、石柱、江津、忠州，云阳小江、丰都龙河、武隆阳水河、黔江小南海、垫江长寿湖、万州武陵和梅溪河等 11 个区县级湿地自然保护区，全市湿地自然保护区面积达 87783. 65 公顷；建设彩云湖、云雾山、迎凤湖、酉水河、皇华岛、阿蓬江、濑溪河、涪江、汉丰湖、龙河、大昌湖、青山湖、迎龙湖、巴山湖等 18 个国家湿地公园(试点)，其中重庆彩云湖国家湿地公园和迎凤湖国家湿地公园正成授牌成为国家湿地公园。建立了龙水湖、小安溪、九曲河和大石包等 4 个市级湿地公园。这些湿地自然保护区和湿地公园的建成，对保护典型湿地生态系统、野生动植物物种及其栖息地、候鸟迁徙地等发挥了极其重要的作用。

1.1.3 水资源保护与管理

重庆市历来重视水资源的利用和管理，在市委、市政府的领导下，牢固树立科学发展观，积极采取各种措施保护水资源，紧紧围绕建设“五大功能区”和实施“青山绿水工程”的战略目标，在水资源优化配置、调整用水结构、提高水资源有效利用率等方面做了大量工作。

1.1.4 湿地生态治理和污染控制

在湿地生态治理和污染控制方面，积极采取建章立制等各种有效措施，使重庆市水环境污染控制和防治水平不断提高。

近年来，通过实施各项林业重点工程，治理生态环境，防止水土流失。重庆市紧紧围绕建成“五大功能区”的目标，积极规划实施了森林工程、三峡库区生态屏障工程、长江中上游防护林体系建设工程、天然林资源保护工程、退耕还林工程、野生动植物保护及自然保护区建设工程等林业重点工程，2013 年年底，全市森林覆盖率达到 42%，全市生态状况得到明显改善。

在水污染防治方面，重庆市编制了《三峡库区及其上游水污染防治规划》，在全市范围内实施“绿地行动”工程，在严格控制“三废”排放、减轻农药和化肥对湿地的污染、防治地质灾害对湿地造成危害、防治船舶废弃物污染等方面都做了大量工作，使全市水环境质量和生态状况等方面的改善取得了很大进展。

1.2 管理状况

1.2.1 湿地管理机构与管理机制

湿地管理工作是一项跨部门、跨行业、跨地区的综合管理工作，管理难度较大。按照现行体制，国务院决定由国家林业局负责组织、协调、监督和指导全国湿地保护工作和履行国际湿地公约。为此，2007年重庆市人民政府批准成立重庆市湿地保护管理中心，负责组织、协调、监督和指导全市湿地保护工作，发展改革、水利、环保、移民、国土、农业、建设等部门各负其责，密切配合，统一协调，逐步使湿地管理工作走上正轨，同时黔江、丰都、开县等区县也相继成立了湿地保护管理机构。为进一步加强湿地资源保护工作，2004年10月，重庆市人民政府办公厅下发了《关于加强湿地保护管理的通知》(渝办发〔2004〕321号)，明确了措施、责任。同年，市林业局会同相关职能部门依据《全国湿地保护工程规划(2002~2030)》，编制了《重庆市湿地保护规划(2006~2030年)》，明确湿地保护的指导思想、建设目标、建设布局、重点项目和政策保障措施等。2014年，根据《全国湿地保护工程规划(2002~2030年)》《重庆市推进生态文明建设(林业)规划纲要(2013~2020年)》和《重庆市五大功能区域林业行动方案(2013~2017年)》，编制了《重庆市湿地保护利用规划(2015~2030年)》。

1.2.2 湿地管理立法、政策和措施

《重庆市湿地保护条例》被市人大纳入2013~2017年立法五年计划。目前，重庆市尚无专门的湿地法规，十多年来，重庆市严格按照国家颁布的一系列有关自然资源和生态环境保护的法律法规，对湿地进行保护和管理。市政府根据国家有关的法律、法规，结合本地区实际情况制定了相应的实施办法、实施细则以及一些地方性的政策法规：

《重庆市湿地公园管理暂行办法》(2014年)；

《重庆市地面水域适用功能类别划分规定》(2030年)；

《重庆市政府投资林业建设项目管理试行办法》(2008年)；

《重庆市环境保护条例》(2007年)；

《重庆市水资源管理条例》(2003年)；

《中共重庆市委、重庆市人民政府关于贯彻〈中共中央、国务院关于加快林业发展的决定〉的实施意见》(渝委发〔2003〕25号)；

《重庆市人民政府办公厅关于加强湿地保护管理的通知》(渝办发〔2004〕321号)；

《天然林保护工程重庆市实施方案》(2001年)；

《城市污水处理工程项目建设标准》(修订)(建标〔2001〕77号)；

《城市生活垃圾卫生填埋处理工程项目建设标准》(建标〔2001〕101号)。

为了加强湿地保护和管理，重庆市有关部门还制定了一系列的政策和规划，以实现湿地资源与环境的可持续发展：

《重庆市土地利用总体规划》(1997~2010)；

《重庆市城镇总体规划》(国函〔1998〕108号)；

《长江上游水污染整治规划》(国函〔1999〕9号)；

《重庆市自然保护区发展规划》(1999~2010年)；

《重庆市野生动植物保护及自然保护区建设工程总体规划》(2001 年);

《重庆市退耕还林工程总体规划》(2000~2007 年);

《重庆市林业发展规划》(2004~2020 年);

《重庆市水土保持生态建设规划》(2000~2050 年);

《重庆市造林绿化规划纲要》(2001~2010 年);

《城市污水处理及污染防治技术政策》(建城〔2000〕124 号);

《城市生活垃圾处理及污染防治技术政策》(建城〔2000〕120 号)。

1.2.3 湿地科学研究与资源调查

为了全面掌握全市湿地资源现状，重庆市于 2010 年组织开展了全市湿地资源第二次调查，对全市主要湿地类型、面积和分布、野生动植物种类、湿地资源保护与管理等情况进行了调查，基本掌握了重庆市湿地资源、湿地保护和利用以及受威胁状况的主要情况，为湿地保护和管理工作提供了决策依据。加强湿地基础科学研究，联合重庆大学、西南大学、重庆师范大学等高校积极开展湿地保护、利用理论研究，为湿地保护与利用提供了科技支撑。

1.2.4 宣传与教育

为了提高全社会湿地保护意识，唤起大众参与湿地保护的紧迫性，市林业局通过广播、电视、网络、报纸等现代传媒工具深入广泛地宣传湿地知识、湿地功能效益和湿地保护的重要意义。尤其是利用“世界湿地日”“爱鸟周”“野生动物保护月”等时机，组织开展内容丰富、形式多样的宣传活动，收到了良好的宣传效果，提高了公众对湿地的认识，增强了公众保护湿地意识和责任感。

2 存在的主要问题

重庆市虽然湿地资源丰富，但是湿地资源现状不容乐观，而且湿地保护事业起步晚，湿地保护管理能力整体薄弱。

2.1 公众湿地保护意识有待提高

湿地虽然与人们的生活密切相关，但湿地这一概念是近十年引入，虽然近年来对湿地的各种报道宣传逐渐增多，但公众对湿地概念、价值和功能，及其在经济社会可持续发展中的重要性仍缺乏足够的认识。而且客观上由于人口持续增长的压力和土地资源缺乏，湿地往往被作为一种后备土地资源被不合理开垦或转为它用，甚至基于经济利益的驱动大肆破坏湿地，湿地作为一种独特生态系统的价值和功能被忽视或弱化。

2.2 湿地保护法规体系不健全

湿地管理涉及的事项纷繁复杂。目前我国还没有一部关于湿地保护管理与利用的专门法律、法规，现有的法律法规中有关湿地的条款较分散，缺乏系统性和整体性，法律规范之间出现不协调、不一致的问题，导致政府机关在湿地保护管理执法中经常遇到法律适用冲突问题，执法者和行政相对人难以选择，极大地影响了正常的执法工作。

2.3 湿地管理利益部门众，多协调难度大

湿地是多资源组成的资源复合体，湿地保护管理涉及的利益部门众多。重庆市涉及湿地管理的部门有林业、环保、水利、农业、渔业、农垦、国土等多个部门，这与湿地作为一个生态系统提出来并纳入政府日常管理工作的时间太晚有关系。各个业务部门分别管理湿地生态系统内部的一个资源主体，并均有相应的法规作为行政管理的依据，如渔业部门负责渔业资源的保护和渔政管理、水利部门负责水资源的调配等。要素式、部门分割式管理模式体制与湿地生态系统本身的特性不相适应，割裂了管理的系统性、整体性，造成湿地保护与城市化进程、旅游开发、水利防洪设施建设、地下水开采、水资源调配等诸多冲突。林业部门牵头与组织协调的职责难于落实，很难协调各相关部门，基于部门利益对湿地的各种管理需求，责任和义务分离，管理权利分割，很大程度上制约了湿地保护工作的有效开展。

2.4 湿地自然保护区体系不完善

重庆市虽然已经相继建立了一批湿地自然保护区，但由于缺乏规划，保护区的布局不合理，绝大多数重点湿地区域仍未建立保护区，覆盖全市重点湿地的保护区体系仍未形成，一些重要的湿地面临多种威胁，急需通过建立保护区来加强保护；由于投入不足，一些已经建立的湿地自然保护区缺乏专业人才，保护设施设备落后，甚至有的是批而不建，没有专门的机构和人员。

2.5 湿地公园建设与管理亟待规范

湿地公园是湿地保护体系的重要组成部分，建立湿地公园是落实国家湿地分级分类保护管理策略的一项具体措施，也是当前形势下维护和扩大湿地面积的有效途径。截至 2014 年年底，重庆已经建立市级以上湿地公园 22 处，对推动全市湿地保护发挥了积极的作用，但是湿地公园缺乏行业规范指导和湿地专业人才技术支持，以及资金短缺，湿地公园的管理和建设较缓慢。重庆拟学习借鉴北京的有关经验，出台《重庆市级湿地公园建设规范》《重庆市级湿地公园评估标准》等规范性文件。

2.6 湿地基础研究薄弱，技术落后

湿地是一门多学科交叉的新兴学科，研究起步较晚，研究机构较为缺乏、人员等较少，研究深度、广度都不够，远远不能满足湿地保护发展的需要，尤其是对湿地结构、演替规律、功能、价值和作用等方面缺乏系统深入研究，制约了湿地保护管理与利用工作的正常进行。全国现还没有一所大学开设湿地保护专业，导致专业人才严重缺乏，是制约湿地事业发展的瓶颈。同时湿地保护、管理、监测的技术手段比较落后，导致湿地保护效率较低，影响了湿地保护与持续发展。加强湿地资源特征及其保护研究，合理开发利用湿地生态系统价值，已成为当前湿地保护管理工作者和科学工作者的一项紧迫任务。

2.7 湿地法律地位不明

到目前为止，重庆市还没有专门的湿地立法，湿地依然未纳入法制化管理的轨道，在国家土

地分类中没有把湿地作为一个专门的土地类型，而是把湿地中的河流、湖泊归类为不同的土地类型，至于自然湿地中很重要的沼泽湿地则归类为未开发利用地，从客观上加速了对沼泽湿地的开发，而完全忽视了这些重要湿地拥有的巨大生态功能和社会效益。由于没有设立湿地这个专门的土地类型，湿地就没有明确的法律地位，在很多宏观规划中无法把湿地作为重点保护对象纳入国家的保护范围，湿地保护管理工作难度较大。

2.8 资金投入不足

湿地是一个较大的自然生态系统，湿地保护管理工程是一个庞大的系统工程，涉及多部门多行业，同时湿地保护管理工作起步较晚，基础设施欠帐较多，基础研究薄弱。因此，需要资金投入的地方较多且金额较大。近年来，仅仅国家投入了部分资金实施湿地保护与恢复工程，但仍是杯水车薪，而各级地方政府重视不够，也投入较少，严重制约湿地事业的健康发展。

第二节 湿地保护管理建议

1 加强宣传教育，提高全社会湿地保护意识

针对目前公众对湿地普遍缺乏认识的现状，采取多形式、多渠道，加大对湿地等生态环境保护的宣传力度，形成政府重视、媒体关注、公众参与的良好氛围，增加全社会环境法制观念和湿地保护意识，促进湿地保护管理主流化，使公众能自动自觉将湿地保护纳入日常生活考虑，使政府能将湿地保护管理纳入常规决策考虑，进一步提高公众对湿地的认识。结合湿地自然保护区或湿地公园建设、湿地保护与恢复项目的实施，充分展示湿地的功能和价值，增加公众对湿地的认识。结合湿地保护体系、湿地监测体系的布局，合理布局，建立湿地科普宣教中心，加强湿地科普教育。

2 加强湿地保护法规建设

加强湿地立法是科学保护利用湿地的根本。目前，重庆市湿地保护条例已经列入市人大立法计划，重庆市将尽快组织起草市湿地保护条例，开展立法调研，并争取尽快出台和实施，同时加强湿地保护相关法规如野生动物、植物保护和自然保护区管理等方面的立法，使湿地保护管理有法可依，通过立法建立合理的湿地管理体制。

3 加强科学规划

结合湿地资源调查成果，完善《重庆市湿地保护利用规划》(2014~2030 年)，编制好“十三五”实施规划，编制或完善重庆市长江流域湿地保护规划、嘉陵江、乌江流域湿地保护规划等子规划，对全市湿地保护进行全面科学规划，确定保护、开发利用的总体方略、目标、任务，争取将其纳入全市国民经济发展总体规划予以实施，确保湿地规划的执行力。

4　建立完善的湿地自然保护和监测体系

在完善现有湿地自然保护区、湿地公园建设和管理的同时，合理规划，在重要湿地区域抢救性地建立一批湿地自然保护区或者湿地公园，将重要的湿地资源基本保护起来，形成比较完善的湿地生态保护体系。根据湿地分布规律，结合湿地自然保护区、湿地公园建设，建立基本覆盖全市重要湿地的监测网络，开展湿地生态动态监测，为湿地科学保护管理提供实时的数据信息支持。

5　强化湿地保护管理科技支撑

加大对湿地科研的投入，组织科研院所对全市湿地地理和地质环境、湿地生态过程、湿地价值和功能，合理利用模式、示范区建设等方面的科学研究，特别是在湿地领域的前瞻性研究；加强对湿地保护与恢复项目、湿地自然保护区和湿地公园建设的科技支撑，提高建设质量和管理水平；成立湿地保护管理专家委员会，为湿地保护管理的方针、政策、法规的制定、保护区建设等湿地保护管理提供技术支持；加强对重点工程的科技支撑。

6　建立健全各级湿地保护管理机构

建立健全湿地保护管理机构是湿地事业发展的基础。一是要建立市、县两级湿地保护管理专门的机构，落实人员和经费，明确职责；二是要配专业管理人才，加强对各级保护管理人员的能力培训，不断提高队伍思想素质和业务素质。三是建立湿地自然保护区和湿地公园管理机构，其建设和管理要强化科技支撑，并加强专业化管理。

7　建立湿地保护管理跨流域和跨行政区域协作、协调机制

行政区域是人为强制性的地理区域划分，而生态系统内或之间物质、能量流动和信息交流却没有行政区域的界限限制。湿地生态系统之间常通过水系等生态廊道或生物信息交流而彼此影响，特别是长江三峡库区等大型湿地生态系统，局部保护和合理利用不足以保护整个湿地生态系统。湿地生物多样性保护除了着力缓解或消除行政区域内围垦、污染、过度利用等对湿地的威胁因素，加强各相对独立的湿地生态系统的保护与恢复外，还必须综合评估区域湿地资源，突破行政区划概念，加强行政区域之间的合作和交流，统一环境保护政策，建立协调沟通机制，统筹规划区域湿地资源保护，消除或缓解威胁因素。

8　建立湿地保护与可持续发展机制

湿地与人类的生活密切相关，坚持生态优先，保护与开发并重的原则，做到在保护中利用，在利用中保护，促进湿地事业的可持续发展。为加强湿地保护力度，并建立可持续发展机制，十三五期间，重庆市拟建市级及以上自然保护区 2 处，新批建 10 个市级及以上湿地公园。通过湿地自然保护区、湿地公园建设，推进重庆市湿地保护事业进一步发展。

9 加大投入，拓宽资金投入渠道

加大投入，保障湿地保护事业健康发展。湿地保护是一项社会公益事业，也是重庆“五大功能区”建设的重要组成部分，加大财政投入是公共财政的重要职能，各级政府应承担起湿地保护责任。政府投入主要用于基础领域建设，把湿地保护与恢复、能力建设以及基础研究等纳入财政预算予以保障。

建立补偿制度，促进投入增长。建立湿地生态效益补偿制度，按照“谁利用谁补偿，谁受益谁补偿”的原则，向渔业、水电、旅游、航运等征收补偿费，用于湿地保护事业。积极开展财政对湿地自然保护区、湿地公园生态效益补偿试点。建立湿地生态环境和湿地野生动植物资源保护补偿及赔偿机制。

创新投入机制，拓宽资金渠道。坚持“政府主导、财政投入、社会参与市场运作”的投入机制，研究出台激励政策，刺激社会资金投入湿地保护与建设，逐步使企业和个人成为投资主体，充分发挥湿地效益。积极探索发行湿地保护彩票，建立湿地保护基金，多渠道多形式募集建设资金。广泛开展与国际国内非政府组织、机构合作，积极争取支持。

附录 1　重庆湿地调查区域植物名录

序号	科	属	种	
			中文名	拉丁名
			一、苔藓植物	
1	角苔科	角苔属	角苔	*Anthoceros laevis punctatus*
2	带叶苔科	带叶苔属	带叶苔	*Pallavicinia lyellii*
3	石地钱科	石地钱属	石地钱	*Reboulia hemisphaeric*
4	蛇苔科	蛇苔属	蛇苔	*Conocephalum conicum*
5	地钱科	地钱属	地钱	*Marchantia polymorpha*
6		毛地钱属	毛地钱	*Dumortiera hirsute*
7	指叶苔科	羊蹄甲属	双齿鞭苔	*Bazzania albifolia*
8			日本鞭叶苔	*Bazzania japonica*
9	钱苔科	钱苔属	钱苔	*Riccia glauca*
10			叉钱苔	*Ricca fluitans*
11	泥炭藓科	泥炭藓属	泥炭藓	*Sphagnum cymbiflium palustre*
12			暖泥碳藓	*Sphagnum junghuhnianum*
13			假泥炭藓	*Sphagnum pseudo – cymbifolium*
14			粗叶泥炭藓	*Sphagnum squarrosum*
15	曲尾藓科	合睫藓属	合睫藓	*Symblepharis helicophylla*
16		曲尾藓属	曲尾藓	*Dicranum scoparium*
17		长蒴藓属	长蒴藓	*Trematodon longicollis*
18	片叶苔科	绿片苔属	绿片苔	*Aneura pinguis*
19	凤尾藓科	凤尾藓属	卷叶凤尾藓	*Fissidens cristatus*
20			大叶凤尾藓	*Fissidens grandifrons*
21	从藓科	湿地藓属	卷叶湿地藓	*Hyophila involuta*
22		石灰藓属	石灰藓	*Hydrogonium ehrenbergii*
23	缩叶藓科	缩叶藓属	东亚缩叶藓	*Ptychomitrium faruier*
24			狭叶缩叶藓	*Ptychomitrium linerarifolium*
25	葫芦藓科	葫芦藓属	葫芦藓	*Funaria hygrometrica*

（续）

序号	科	属	种	
			中文名	拉丁名
26	真藓科	真藓属	丛生真藓	*Bryum caespiticum*
27		大叶藓属	暖地大叶藓	*Rhodobryim gianteum*
28	扭叶藓科	扭叶藓属	扭叶藓	*Trachypus bicolor*
29			小扭叶藓	*Trachypus bumilis*
30	水藓科	水藓属	水藓	*Fontinalis antipyretica*
31	油藓科	黄藓属	尖叶黄藓	*Distichophyllum cuspidatum*
32		日本毛柄藓属	刺毛毛柄藓	*Eriopsis spinosus*
33	羽藓科	羽藓属	大羽藓	*Thuidium cymbifolium*
34	柳叶藓科	牛角藓属	牛角藓	*Cratoneuron filicinum*
35			长叶牛角藓	*Cratoneuron commutatum*
36	青藓科	青藓属	羽枝青藓	*Brachythecium plumosum*
37		青藓属	细嫩青藓	*Brachythecium pulchellum*
38		青藓属	青藓	*Brachythecium rivulare*
39		鼠尾藓属	鼠尾藓	*Myuroclada maximowiczii*
40	灰藓科	鳞叶藓属	鳞叶藓	*Taxiphyllum taxiramenum*
41	金发藓科	金发藓属	大金发藓	*Polytrichum commune*
42			多形大金发藓	*Polytrichum ohioense*
二、维管束植物				
（一）蕨类植物				
1	卷柏科	卷柏属	蔓生卷柏	*Selaginella davidii*
2			江南卷柏	*Selaginella moellendorfii*
3			伏地卷柏	*Selaginella nipponica*
4			卷柏	*Selaginella tamariscina*
5			翠云草	*Selaginella uncinata*
6	木贼科	木贼属	问荆	*Equisetum arvense*
7			披散问荆	*Equisetum diffusum*
8			犬问荆	*Equisetum palustre*
9			笔管草	*Hippochaete debilis*
10			节节草	*Hippochaete ramosissima*
11	海金沙科	海金沙属	海金沙	*Lygodium japonicum*
12	碗蕨科	碗蕨属	碗蕨	*Dennstaedtia scabra*
13			溪洞碗蕨	*Dennstaedtia wilfordii*

（续）

序号	科	属	种	
			中文名	拉丁名
14	鳞始蕨科	乌蕨属	乌蕨	*Stenoloma chusana*
15	姬蕨科	姬蕨属	姬蕨	*Hypolepis punctata*
16	凤尾蕨科	凤尾蕨属	岩凤尾蕨	*Pteris deltodon*
17			溪边凤尾蕨	*Pteris excelsa*
18			井栏边草	*Pteris multifida*
19			凤尾蕨	*Pteris nervosa*
20		凤尾蕨属	半边旗	*Pteris semipinnata*
21			四川凤尾蕨	*Pteris sichuanensis*
22			蜈蚣草	*Pteris vittata*
23	里白科	里白属	里白	*Diplopterygium glauca*
24			中华里白	*Diplopterygium chinense*
25		芒萁属	芒萁	*Dicranopteris pedata*
26	紫萁科	紫萁属	华南紫萁	*Osmunda vachellii*
27			紫萁	*Osmunda japonica*
28	蹄盖蕨科	亮毛蕨属	亮毛蕨	*Acystopteris japonica*
29		蕨属	密毛蕨	*Petridium revolutum*
30	铁角蕨科	铁角蕨属	长叶铁角蕨	*Asplenium protongatum*
31			铁角蕨	*Asplenium trichomanes*
32			狭翅铁角蕨	*Asplenium wrighti*
33	铁线蕨科	铁线蕨属	铁线蕨	*Adiantum capillus – veneris*
34			扇叶铁线蕨	*Adiantum flabellulatum*
35	金星蕨科	毛蕨属	渐尖毛蕨	*Cyclosorus acuminatus*
36			华南毛蕨	*Cyclosorus parasiticus*
37			多叶毛蕨	*Cyclosorus caudifrms*
38			薄叶毛蕨	*Cyclosorus chingii*
39			齿牙毛蕨	*Cyclosorus denttus*
40		新月蕨属	披针叶新月蕨	*Pronephrium penangianum*
41		溪边蕨属	贯众叶溪边蕨	*Stegnogramma cyrtomioides*
42	肾蕨科	肾蕨属	肾蕨	*Nephrolepis cordifolia*
43	鳞毛蕨科	贯众属	刺齿贯众	*Cyrtomium caryotideum*
44			贯众	*Cyrtomium fortune*
45			尖羽贯众	*Cyrtomium hookerianum*

（续）

序号	科	属	种	
			中文名	拉丁名
46	鳞毛蕨科	耳蕨属	少齿耳蕨	*Polystichum acutidens*
47			角状耳蕨	*Polystichum alcicorne*
48			少果耳蕨	*Polystichum apicisosim*
49			长叶耳蕨	*Polystichum longissimum*
50	水龙骨科	线蕨属	线蕨	*Colysis elliptica*
51			曲边线蕨	*Colysis flexiloba*
52			矩圆线蕨	*Colysis henryi*
53		瓦韦属	灰茎瓦韦	*Lepisorus calcifer*
54			披针叶瓦韦	*Lepisorus lucifolia*
55			阔叶瓦韦	*Lepisorus tosaensis*
56		星蕨属	羽裂星蕨	*Microsorum dilatatum*
57			江南星蕨	*Microsorum fortunei*
58		石韦属	膜叶星蕨	*Microsorium membranaceum*
59		水龙骨属	拟光石韦	*Pyrrosia pseudo-calvrta*
60			水龙骨	*Polypodium nipponica*
61	槲蕨科	槲蕨属	槲蕨	*Drynaria fortunei*
62	苹科	苹属	苹	*Marsilea quadrifolia*
63	槐叶苹科	槐叶苹属	槐叶苹	*Salvinia natans*
64	满江红科	满江红属	满江红	*Azolla imbricata*
65			细叶满江红	*Azolla filiculoides*
			（二）裸子植物	
1	杉科	杉木属	杉木	*Cunninghamia lanceolata*
2		水杉属	水杉	*Metasequoia glyptostroboides* *
3		落羽杉属	池杉	*Taxodium ascendens* *
			（三）被子植物	
1	杨柳科	杨属	响叶杨	*Populus adenopoda* *
2			加拿大杨	*Populus canadensis*
3			意杨树	*Populus euramevicana*
4		柳属	小叶柳	*Salix hypolauca*
5			秋华柳	*Salix variegata*
6			垂柳	*Salix babylonica* *
7			网脉柳	*Salix dictyoneura*

（续）

序号	科	属	种	
			中文名	拉丁名
8	胡桃科	枫杨属	湖北枫杨	*Pterocarya hupehensis*
9			华西枫杨	*Pterocarya insignis*
10			枫杨	*Pterocarya stenoptera*
11	桑科	榕属	薜荔	*Ficus pumila*
12			珍珠莲	*Ficus sarmentosa* var. *henryi*
13			地瓜藤	*Ficus tikoua* Bur.
14		葎草属	葎草	*Humulus scandens*
15		构属	藤构	*Broussonetia kaempferi* var. *australis*
16			构树	*Broussonetia papyrifera*
17		桑属	桑	*Morus alba*
18			华桑	*Morus cathayana*
19	山茱萸科	梾木属	小梾木	*Cornus paucinervis*
20	蔷薇科	火棘属	火棘	*Pyracantha fortuneana*
21		蔷薇属	缫丝花	*Rosa roxburghii*
22		悬钩子属	栽秧泡	*Rubus ellipticus* var. *obcordatus*
23			光叶高粱泡	*Rubus lambertianus* var. *glabra*
24			棠叶悬钩子	*Rubus malifolius*
25			乌泡子	*Rubus parkeri*
26			黄泡	*Rubus pectinellus*
27			川莓	*Rubus setchuanensis*
28			红腺悬钩子	*Rubus sumatranus*
29			茅莓	*Rubus parvifolius*
30		龙芽草属	龙芽草	*Agrimonia pilosa*
31		蛇莓属	蛇莓	*Duchesnea indica*
32		草莓属	东方草莓	*Fragaria orientalis*
33		路边青属	路边青	*Geum aleppicum*
34			柔毛路边青	*Geum japonicus* var. *chinense*
35		委陵菜属	翻白草	*Potentilla discolor*
36			蛇含委陵菜	*Potentilla kleiniana*
37			三叶委陵菜	*Potentilla freyniana*
38		枇杷属	枇杷	*Eriobotrya japonica*

（续）

序号	科	属	种	
			中文名	拉丁名
39	楝科	楝属	楝	*Melia azedarach*
40		香椿属	香椿	*Toona sinensis*
41	大戟科	铁苋菜属	铁苋菜	*Acalypha australis*
42		大戟属	草蔺茹	*Euphorbia adenochlora*
43			泽漆	*Euphorbia helioscopia*
44			飞扬草	*Euphorbia hirta*
45			通奶草	*Euphorbia indica*
46			钩腺大戟	*Euphorbia sieboldiana*
47		地锦属	地锦	*Euphorbia humifusa*
48		叶下珠属	叶下珠	*Phyllanthus urinaria*
49			蜜柑草	*Phyllanthus ussuriensis*
50		蓖麻属	蓖麻	*Ricinus communis* *
51		山麻杆属	山麻杆	*Alchornea davidii*
52		假奓包叶属	假奓包叶	*Discocleidion rufescens*
53		算盘子属	算盘子	*Glochidion puberum*
54		秋枫属	秋枫	*Bischofia javanica*
55		野桐属	石岩枫	*Mallotus repandus*
56			毛桐	*Mallotus barbatus*
57		乌桕属	山乌桕	*Sapium discolor*
58			白木乌桕	*Sapium japonicum*
59			乌桕	*Sapium sebiferum*
60	漆树科	黄栌属	黄栌	*Cotinus coggygria*
61		盐肤木属	盐肤木	*Rhus chinensis*
62	无患子科	栾树属	复羽叶栾树	*Koelreuteria bipinnata*
63			栾树	*Koelreuteria paniculata*
64	鼠李科	枣属	枣	*Ziziphus jujuba*
65	五加科	刺楸属	刺楸	*Kalopanax septemlobus*
66	刺篱木科	山拐枣属	山拐枣	*Poliothyrsis sinensis*
67	玄参科	母草属	泥花草	*Lindernia antipoda*
68			母草	*Lindernia crustacea*
69			宽叶母草	*Lindernia nummularifolia*

（续）

序号	科	属	种	
			中文名	拉丁名
70	玄参科	通泉草属	通泉草	*Mazus pumilus*
71			匍茎通泉草	*Mazus miquelii*
72		蝴蝶草属	光叶蝴蝶草	*Torenia asitica*
73		婆婆纳属	婆婆纳	*Veronica didyma*
74			阿拉伯婆婆纳	*Veronica persica*
75		泡桐属	川泡桐	*Paulownia fargesii*
76	樟科	木姜子属	绒叶木姜子	*Litsea wilsonii*
77	海桐花科	海桐花属	光叶海桐	*Pittosporum glabratum*
78			短萼海桐	*Pittosporum brevicalyx*
79			小柄果海桐	*Pittosporum henryi*
80	豆科	杭子梢属	宜昌杭子梢	*Campylotropis inchangensis*
81		山蚂蝗属	波叶山蚂蝗	*Desmodium sinuatum*
82			山蚂蝗	*Desmodium racemosum*
83		鸡眼草属	长萼鸡眼草	*Kummerowia stipulacea*
84			鸡眼草	*Kummerowia striata*
85		草木犀属	草木犀	*Melilotus suaveolens*
86			黄香草木犀	*Melilotus officinalis*
87		葛属	葛藤	*Pueraria lobata*
88		车轴草属	红车轴草	*Trifolium pratense* *
89			白车轴草	*Trifolium repens*
90		野豌豆属	窄叶野豌豆	*Vicia angustifolia*
91			救荒野豌豆	*Vicia sativa*
92			四籽野豌豆	*Vicia tetrasperma*
93		黄檀属	黄檀	*Dalbergia hupeana*
94		刺槐属	刺槐	*Robinia pseudoacacia*
95		合萌属	田皂角	*Aeschynomene indica*
96		决明属	短叶决明	*Cassia ieschenaultiana*
97		胡枝子属	截叶铁扫帚	*Lespedeza cuneata*
98			胡枝子	*Lespedeza bicolor*
99			多花胡枝子	*Lespedeza floribunda*
100		女贞属	小叶女贞	*Ligustrum quihoui*
101	马桑科	马桑属	马桑	*Coriaria nepalensis*

（续）

序号	科	属	种	
			中文名	拉丁名
102	金缕梅科	蚊母树属	小叶蚊母树	*Distylium buxifolium*
103			尖尾叶蚊母树	*Distylium cuspidatum*
104			杨梅叶蚊母树	*Distylium myricoides*
105			中华蚊母树	*Distylium chinensis*
106			蚊母树	*Distylium racemosum*
107	锦葵科	梵天花属	地桃花	*Urena lobata*
108			中华地桃花	*Urena lobata* var. *chinensis*
109	藤黄科	金丝桃属	金丝桃	*Hypericum chinense*
110			地耳草	*Hypericum japonicum*
111			金丝梅	*Hypericum patulum*
112	瑞香科	荛花属	小黄构	*Wikstroemia micrantha*
113	胡颓子科	胡颓子属	长叶胡颓子	*Elaeagnus bockii*
114			木半夏	*Elaeagnus multiflora*
115			星毛胡颓子	*Elaeagnus stellipila*
116	千屈菜科	水苋菜属	水苋菜	*Ammannia baccifera*
117		千屈菜属	千屈菜	*Lythrum salicaria*
118		节节菜属	节节菜	*Rotala indica*
119			圆叶节节菜	*Rotala rotundifolia*
120		紫薇属	紫薇	*Lageratroemia indica*
121	醉鱼草科	醉鱼草属	大叶醉鱼草	*Buddleja davidii*
122			醉鱼草	*Buddleja lindleyana*
123			密蒙花	*Buddleja officinalis*
124	马鞭草科	过江藤属	过江藤	*Phyla nodiflora*
125		马鞭草属	马鞭草	*Verbena officinalis*
126		牡荆属	黄荆	*Vitex negundo*
127	三白草科	裸蒴属	裸蒴	*Gymnothaca chinensis*
128		蕺菜属	三白草	*Saururus chinensis*
129			蕺菜	*Houttuynia cordata*
130	荨麻科	苎麻属	序叶苎麻	*Boehmeria clidemioides* var. *diffusa*
131			苎麻	*Boehmeria nivea*
132			长叶苎麻	*Boehmeria penduliflora*

（续）

序号	科	属	种	
			中文名	拉丁名
133	荨麻科	水麻属	长叶水麻	*Debregeasia longifolia*
134			水麻	*Debregeasia orientalis*
135		楼梯草属	狭叶楼梯草	*Elatostema aumbellatum*
136			楼梯草	*Elatostema involucratum*
137			梨序楼梯草	*Elatostema ficoides*
138			长圆楼梯草	*Elatostema oblongifolium*
139			钝叶楼梯草	*Elatostema obtusum*
140			小叶楼梯草	*Elatostema parvum*
141		糯米团属	糯米团	*Gonostegia hirta*
142		花点草属	毛花点草	*Nanocnide lobata*
143		冷水花属	波缘冷水花	*Pilea cavaleriei*
144			粗齿冷水花	*Pilea fasciata*
145			冷水花	*Pilea notata*
146			齿叶冷水花	*Pilea peploides* var. *major*
147			透茎冷水花	*Pilea pumila*
148			红冷水花	*Pilea rubrifora*
149		雾水葛属	红雾水葛	*Pouzolzia sanguinea*
150			雾水葛	*Pouzolzia zeylanica*
151		狸藻属	细叶狸藻	*Utricularia minor*
152	蓼科	荞麦属	金荞麦	*Fagopyrum dibotrys*
153		蓼属	萹蓄	*Polygonum aviculare*
154			头花蓼	*Polygonum capitatum*
155			火炭母	*Polygonum chinense*
156			中轴蓼	*Polygonum excurrens*
157			水蓼	*Polygonum hydropiper*
158			酸模叶蓼	*Polygonum lapathifolium*
159			长戟叶蓼	*Polygonum maackianum*
160			长花蓼	*Polygonum macranthum*
161			尼泊尔蓼	*Polygonum nepalense*
162			红蓼	*Polygonum orientale*
163			杠板归	*Polygonum perfoliatum*
164			腋花蓼	*Polygonum plebeium*

（续）

序号	科	属	种	
			中文名	拉丁名
165	蓼科	何首乌属	何首乌	*Polygonum multiflorum*
166		虎杖属	虎杖	*Polygonum cuspidatum*
167		酸模属	皱叶酸模	*Rumex crispus*
168			齿果酸模	*Rumex dentatus*
169			尼泊尔酸模	*Rumex nepalensis*
170	藜科	藜属	藜	*Chenopodium album*
171			土荆芥	*Chenopodium ambrosioides*
172	苋科	牛膝属	土牛膝	*Achyranthes aspera*
173			牛膝	*Achyranthes bidentata*
174		莲子草属	喜旱莲子草	*Alternanthera philoxeroides*
175			莲子草	*Alternanthera sessilis*
176		苋属	尾穗苋	*Amaranthus caudatus*
177			凹头苋	*Amaranthus lividus*
178			反枝苋	*Amaranthus retroflexus*
179			苋	*Amaranthus tricolor*
180		青葙属	青葙	*Celosia argentea*
181	商陆科	商陆属	商陆	*Phytolacca acinosa*
182	番杏科	粟米草属	粟米草	*Mollugo stricta*
183	马齿苋科	马齿苋属	大花马齿苋	*Portulaca grandiflora* *
184			马齿苋	*Portulaca oleracea*
185	落葵科	落葵属	落葵	*Basella alba* *
186	石竹科	卷耳属	簇生卷耳	*Cerastium caespitosum*
187		漆姑草属	漆姑草	*Sagina japonica*
188		繁缕属	雀舌草	*Stellaria uliginasa*
189			繁缕	*Stellaria media*
190	睡莲科	莼属	莼菜	*Brasenia schreberi* *
191		芡属	芡实	*Euryale ferox*
192		莲属	莲	*Nelumba nucifera* *
193		睡莲属	睡莲	*Nymphaea alba* *
194			香水莲	*Nymphaea* *
195	金鱼藻科	金鱼藻属	金鱼藻	*Ceratophyllum demersum*
196		旋蒴苣苔属	旋蒴苦苣苔	*Boea clarkeana*
197		粗筒苣苔属	鄂西粗筒苣苔	*Briggsia speciosa*
198		唇柱苣苔属	四川呆白菜	*Chirita sichuanensis*

(续)

序号	科	属	种	
			中文名	拉丁名
199	狸藻科	狸藻属	黄花狸藻	*Utricularia aurea*
200	毛茛科	银莲花属	大火草	*Anemone tomentosa*
201		人字果属	耳状人字果	*Dichocarpum auriculatum*
202			纵肋人字果	*Dichocarpum fargesii*
203		碱毛茛属	水葫芦苗	*Halerpestes sarmentosa*
204		毛茛属	禺毛茛	*Ranunculus cantoniensis*
205			毛茛	*Ranunculus japonicus*
206			石龙芮	*Ranunculus sceleratus*
207			扬子毛茛	*Ranunculus sieboldii*
208			棱喙毛茛	*Ranunculus trigonus*
209	十字花科	荠属	荠菜	*Capsella bursa – pastoris*
210		碎米荠属	碎米荠	*Cardamine hirsuta*
211			湿生碎米荠	*Cardamine hygrophylla*
212			弹裂碎米荠	*Cardamine impatiens*
213			水田碎米荠	*Cardamine lyrata*
214			紫花碎米荠	*Cardamine tangutorum*
215		诸葛菜属	诸葛菜	*Orychophragmus violaceus*
216		焯菜属	无瓣焯菜	*Rorippa dubia*
217	景天科	景天属	凹叶景天	*Sedum emarginatum*
218			佛甲草	*Sedum lineare*
219	虎耳草科	常山属	黄常山	*Dichroa febrifuga*
220		绣球属	西南绣球	*Hydrangea davidii*
221		山梅花属	毛柱山梅花	*Philadelphu subcanus*
222		落新妇属	多花落新妇	*Astilbe myriantha*
223		金腰属	绵毛金腰	*Chrysosplenium lanuginosum*
224			大叶金腰	*Chrysosplenium macrophyllum*
225			中华金腰	*Chrysosplenium sinicum*
226		扯根菜属	扯根菜	*Penthorum chinense*
227		黄水枝属	黄水枝	*Tiarella polyphylla*
228	酢浆草科	酢浆草属	酢浆草	*Oxalis corniculata*
229			黄花酢浆草	*Oxalis pes – caprae*

（续）

序号	科	属	种	
			中文名	拉丁名
230	牻牛儿苗科	老鹳草属	野老鹳草	*Geranium carolinianum*
231			尼泊尔老鹳草	*Geranium nepalense*
232			老鹳草	*Geranium wilfordii*
233	水马齿科	水马齿属	沼生水马齿	*Callitriche palustris*
234			水马齿	*Callitriche stagnalis*
235	凤仙花科	凤仙花属	凤仙花	*Impatiens balsamina*
236			细柄凤仙花	*Impatiens leptocaulon*
237			山地凤仙花	*Impatiens monticola*
238			水金凤	*Impatiens noli-tangere*
239			翼萼凤仙花	*Impatiens pterosepala*
240			川鄂凤仙花	*Impatiens pritzelii*
241			黄金凤	*Impatiens siculifer*
242			窄萼凤仙花	*Impatiens stenosepala*
243			白花凤仙花	*Impatiens wilsonii*
244	葡萄科	蛇葡萄属	三裂叶蛇葡萄	*Ampelopsis delavayana*
245			五裂叶蛇葡萄	*Ampelopsis delavayana* var. *gentiliama*
246			蛇葡萄	*Ampelopsis brevipedunculata*
247			光叶蛇葡萄	*Ampelopsis heterophylla* var. *hancei*
248		乌蔹莓属	乌蔹莓	*Cayratia japonica*
249			毛叶乌蔹莓	*Cayratia japonica* var. *pubifolia*
250			尖叶乌蔹莓	*Cayratia japonica* var. *pseudotrifolia*
251	锦葵科	秋葵属	黄蜀葵	*Abelmoschus crinitus*
252		苘麻属	苘麻	*Abutilon theophrasti*
253	堇菜科	堇菜属	蔓茎堇菜	*Viola diffusa*
254			长萼堇菜	*Viola inconspicua*
255			紫花地丁	*Viola philippica*
256			浅圆齿堇菜	*Viola schneieri*
257			堇菜	*Viola verecunda*
258	秋海棠科	秋海棠属	秋海棠	*Begonia evansiana*
259			裂叶秋海棠	*Begonia laciniata*
260			掌裂秋海棠	*Begonia pedatifida*
261			中华秋海棠	*Begonia sinensis*

（续）

序号	科	属	种	
			中文名	拉丁名
262	菱科	菱属	菱角	*Trapa bispinosa* *
263			野菱	*Trapa incise*
264	茨藻科	茨藻属	小茨藻	*Najas minor*
265	柳叶菜科	柳叶菜属	腺茎柳叶菜	*Epilbium brevifolium* subsp. *trichoneurum*
266			柳叶菜	*Epilbium hirsutum*
267			小花柳叶菜	*Epilbium parviflorum*
268			长籽柳叶菜	*Epilbium pyrricholophum*
269			柳叶丁香蓼	*Ludwigia epilobioides*
270		丁香蓼属	水丁香	*Ludwigia prostrate*
271	小二仙草科	小二仙草属	黄花小二仙草	*Haloragis chinensis*
272			小二仙草	*Haloragis micrantha*
273		狐尾藻属	穗花狐尾藻	*Myriophyllum spicatum*
274			狐尾藻	*Myriophyllum verticillatum*
275	伞形科	积雪草属	积雪草	*Centella asiatica*
276		芫荽属	芫荽	*Coriandrum sativum*
277		鸭儿芹属	鸭儿芹	*Cryptotaenia japonica*
278		胡萝卜属	野胡萝卜	*Daucus carota*
279		天胡荽属	天胡荽	*Hydrocotyle sibthorpioides*
280		水芹属	西南水芹	*Oenanthe dielsii*
281			水芹	*Oenanthe javanica*
282			线叶水芹	*Oenanthe linearia*
283			中华水芹	*Oenanthe sinense*
284		茴芹属	异叶茴芹	*Pimpinella diversifolia*
285		囊瓣芹属	東瓣芹	*Pternopetalum botrychioides*
286			川鄂東瓣芹	*Pternopetalum rosthornii*
287	报春花科	珍珠菜属	过路黄	*Lysimachia christinae*
288			聚花过路黄	*Lysimachia congestiflora*
289			大过路黄	*Lysimachia phyllocephala*
290	龙胆科	荇菜属	荇菜	*Nymphoides peltatum*
291	旋花科	打碗花属	篱天剑	*Calystegia sepium*
292		番薯属	蕹菜	*Ipomoea aquatica* *

（续）

序号	科	属	种	
			中文名	拉丁名
293	唇形科	筋骨草属	金疮小草	*Ajuga decumbens*
294		风轮菜属	风轮菜	*Clinopodium chinense*
295			细风轮菜	*Clinopodium gracile*
296		香薷属	紫花香薷	*Elsholtzia argyi*
297		活血丹属	活血丹	*Glechoma longituba*
298		益母草属	益母草	*Leonurus japonica*
299		地笋属	西南地笋	*Lycopus coreanus* var. *cavalerier*
300			地笋	*Lycopus lucidus*
301			硬毛地笋	*Lycopus lucidus* var. *hirtus*
302		蜜蜂花属	蜜蜂花	*Melissa axillaris*
303		薄荷属	野薄荷	*Mentha haplocalyx*
304		石荠苎属	小鱼仙草	*Mosla dianthera*
305			无叶荠苧	*Mosla exfoliata*
306			石荠苧	*Mosla scabra*
307		紫苏属	紫苏	*Perilla frutescens*
308			野紫苏	*Perilla frutescens* var. *purpurascensz*
309		夏枯草属	夏枯草	*Prunella vulgaris*
310		水苏属	毛水苏	*Stachys baicalensis*
311			水苏	*Stachys japonica*
312	茄科	假酸浆属	假酸浆	*Nicandra physaloides*
313		茄属	白英	*Solanum lyratum*
314			龙葵	*Solanum nigrum*
315			牛茄子	*Solanum virginianum*
316	爵床科	白接骨属	白接骨	*Asystasia chinensis*
317		假杜鹃属	草杜鹃	*Barleria cristata*
318		狗肝菜属	狗肝菜	*Dicliptera chinensis*
319			优雅狗肝菜	*Dicliptera elegans*
320		水蓑衣属	水蓑衣	*Hygrophila salicifolia*
321		爵床属	爵床	*Rostellularia procumbens*
322		黄猄草属	四子马蓝	*Strobilanthes tetraspermus*
323	车前科	车前属	车前	*Plantago asiatica*
324			大车前	*Plantago major*

（续）

序号	科	属	种	
			中文名	拉丁名
325	茜草科	路边青属	水杨梅	*Geum aleppicum*
326		鸡矢藤属	鸡矢藤	*Paederia scandecds*
327	忍冬科	接骨木属	接骨草	*Sambucus chinensis*
328	败酱科	败酱属	白花败酱	*Patrinia villosa*
329	葫芦科	绞股蓝属	绞股蓝	*Gynostemma pentaphyllum*
330		赤瓟属	长毛赤瓟	*Thladiantha villosula*
331		栝楼属	多卷须栝楼	*Trichosanthes multicirrata*
332			中华栝楼	*Trichosanthes rosthornii*
333	桔梗科	沙参属	细叶沙参	*Adenophora paniculata*
334		半边莲属	半边莲	*Lobelia chinensis*
335	菊科	下田菊属	下田菊	*Adenostemma lavenia*
336		藿香蓟属	胜红蓟	*Ageratum conyzoides*
337		亚菊属	亚菊	*Ajania pallasiana*
338			异叶亚菊	*Ajania ariifolia*
339		蒿属	黄花蒿	*Artemisia annua*
340			艾蒿	*Artemisia argyi*
341			茵陈蒿	*Artemisia capillaris*
342			青蒿	*Artemisia carvifolia*
343			白苞蒿	*Artemisia lactiflora*
344			魁蒿	*Artemisia princeps*
345		紫菀属	三脉紫菀	*Aster ageratoides*
346			钻叶紫菀	*Aster subulatus*
347		鬼针草属	婆婆针	*Bidens bipinnata*
348			金盏银盘	*Bidens biternata*
349			鬼针草	*Bidens pilosa*
350			白花鬼针草	*Bidens pilosa* var. *radiate*
351			狼杷草	*Bidens tripartita*
352			矮狼杷草	*Bidens tripartita* var. *reoens*
353		天名精属	天名精	*Carpesium abrotanoides*
354			烟管头草	*Carpesium cernuum*
355			金挖耳	*Carpesium divaricatum*
356		白酒草属	野塘蒿	*Erigeron bonariensis*
357			小白酒草	*Conyza canadensis*

（续）

序号	科	属	种	
			中文名	拉丁名
358	菊科	白酒草属	白酒草	*Conyza japonica*
359			野塘蒿	*Erigeron bonariensis*
360		泽兰属	紫茎泽兰	*Eupatorium coelestinum*
361		蓟属	大蓟	*Cirsium japonicum*
362		鱼眼草属	鱼眼草	*Dichrocephala auriculata*
363			小鱼眼草	*Dichrocephala benthamii*
364		鳢肠属	鳢肠	*Eclipta alba*
365		沼菊属	沼菊	*Enydra fluctuans*
366		飞蓬属	一年蓬	*Erigeron annuus*
367		牛膝菊属	辣子草	*Galinsoga parviflora*
368		鼠麴草属	鼠麴草	*Gnaphalium affine*
369		泥胡菜属	泥胡菜	*Hemistepta lyrata*
370		小苦荬属	小苦荬	*Ixeridium dentatum*
371		苦荬菜属	山苦荬	*Ixeris chinensis*
372		黄瓜菜属	苦荬菜	*Ixeris denticulata*
373		马兰属	马兰	*Kalimeris indica*
374		山莴苣属	山莴苣	*Lagedium sibiricum*
375		秋分草属	秋分草	*Rhynchospermum verticillatum*
376		千里光属	千里光	*Senecio scandens*
377		虾须草属	虾须草	*Sheareria nana*
378		豨莶属	毛梗豨莶	*Siegesbeckia glabrescens*
379			豨莶	*Siegesbeckia orientalis*
380		苦苣菜属	苣荬菜	*Sonchus arvensis*
381			苦苣菜	*Sonchus oleraceus*
382		蒲公英属	蒲公英	*Taraxacum mongolicum*
383		苍耳属	苍耳	*Xanthium sibiricum*
384		黄鹌菜属	异叶黄鹌菜	*Youngia heterophylla*
385			黄鹌菜	*Youngia japonica*
386	香蒲科	香蒲属	水烛	*Typha angustifolia*
387			宽叶香蒲	*Typha latifolia*
388			无苞香蒲	*Typha laxmannii*
389			小香蒲	*Typha minima*
390			东方香蒲	*Typha orientalis*

（续）

序号	科	属	种	
			中文名	拉丁名
391	黑三棱科	黑三棱属	黑三棱	*Sparganium stoloniferum*
392	眼子菜科	眼子菜属	菹草	*Potamogeton crispus*
393			小叶眼子菜	*Potamogeton cristatus*
394			眼子菜	*Potamogeton distinctus*
395			光叶眼子菜	*Potamogeton lucens*
396			浮叶眼子菜	*Potamogeton natans*
397			龙须眼子菜	*Potamogeton pectinatus*
398			蓼叶眼子菜	*Potamogeton polygonifolius*
399			微齿眼子菜	*Potamogeton maackianus*
400			微齿眼子菜	*Potamogeton maackianus*
401	泽泻科	泽泻属	窄叶泽泻	*Alisma canaliculatum*
402			川泽泻	*Alisma parviflora*
403			泽泻	*Alisma plantago – aquatica* *
404		泽薹草属	泽苔草	*Caldesia parnassifolias* *
405		慈姑属	弯喙慈姑	*Sagittaria iatifolia*
406			浮叶慈姑	*Sagittaria natans*
407			剪刀草	*Sagittaria sagittifollia* var. *longiloba*
408			野慈姑	*Sagittaria trifolia*
409			慈姑	*Sagittaria trifolia* var. *sinensis* *
410			矮慈姑	*Sagittaria pygmaea*
411			长瓣慈姑	*Sagittaria sagittifolia* var. *longilobe*
412	水鳖科	水筛属	无尾水筛	*Blyxa aubertii*
413			有尾水筛	*Blyxa echinosperma*
414			水筛	*Blyxa japonica*
415		黑藻属	黑藻	*Hydrilla verticillata*
416		虾子草属	软骨草	*Lagarosiphon alternifolia*
417		水车前属	水车前	*Ottelia alismoides*
418			水菜花	*Ottelia cordata*
419			异株水车前	*Ottelia dioecia*
420		苦草属	苦草	*Vallisneria natans*

（续）

序号	科	属	种	
			中文名	拉丁名
421	禾本科	芨芨草属	芨芨草	*Achnatherum splendens*
422		剪股颖属	多花剪股颖	*Agrostis myriantha*
423		荩草属	荩草	*Arthraxon hispidus*
424			矛叶荩草	*Arthraxon lanceolatus*
425		芦竹属	芦竹	*Arundo donax*
426			花叶芦竹	*Arundo donax* var. *versicolor*
427		野古草属	野古草	*Arundinella hirta*
428			刺芒野古草	*Arundinella setosa*
429		看麦娘属	看麦娘	*Alopecurus aequalis*
430		簕竹属	孝顺竹	*Bambusa multiple*
431			硬头黄竹	*Bambusa rigida*
432		拂子茅属	拂子茅	*Calamagrostis epigejos*
433			拂子草	*Calamagrostis epigejos*
434		孔颖草属	白羊草	*Bothriochloa ischaemum*
435			孔颖草	*Bothriochloa pertusa*
436		臂形草属	毛臂形草	*Brachiaria villosa*
437		沿沟草属	沿沟草	*Catabrosa aquatica*
438		细柄草属	竹枝细柄草	*Capillipedium assimile*
439		薏苡属	薏苡	*Coix lacryma – jobi*
440		牡竹属	麻竹	*Dendrocalamus latiflorus* *
441		发草属	发草	*Deschampsia caespitosa*
442		野青茅属	野青茅	*Deyeuxia arundinacea*
443		狗牙根属	狗牙根	*Cynodon dactylon*
444		马唐属	升马唐	*Digitaria ciliaris*
445			十字马唐	*Digitaria cruciata*
446			马唐	*Digitaria sanguinalis*
447			紫马唐	*Digitaria violascens*
448		稗属	旱稗	*Echinochloa hispidula*
449			光头稗子	*Echinochloa colonum*
450			稗	*Echinochloa crusgalli*
451			无芒稗	*Echinochloa crusgalli* var. *mitis*
452			西来稗	*Echinochloa crusgalli* var. *zelayensis*

（续）

序号	科	属	种	
			中文名	拉丁名
453	禾本科	䅟属	牛筋草	*Eleasine uber*
454		画眉草属	知风草	*Eragrostis ferruginea*
455			乱草	*Eragrostis japonica*
456			画眉草	*Eragrostis pilosa*
457		牛鞭草属	牛鞭草	*Hemarthria altissima*
458			扁穗牛鞭草	*Hemarthria compressa*
459		黄茅属	黄茅	*Heteropogon contortus*
460		白茅属	丝茅	*Imperata koenigii*
461		柳叶箬属	白花柳叶箬	*Isachne albens*
462			纤毛柳叶箬	*Icachne cilatiflora*
463		假稻属	假稻	*Learsia japonica*
464		千金子属	千金子	*Leptochloa chinensis*
465		莠竹属	竹叶茅	*Miscanthus nudum*
466		芒属	巴茅	*Miscanthus floridulus*
467			芒	*Miscanthus sinensis*
468		慈竹属	慈竹	*Neosinocalamus affinis*
469		类芦属	类芦	*Neyraudia reynaudiana*
470		求米草属	竹叶草	*Oplismenus compositus*
471			中间型竹叶草	*Oplismenus compositus* var. *intermedus*
472		稻属	稻	*Oryza sativa* *
473		黍属	糠稷	*Panicum bisulcatum*
474			稷	*Panicum miliaceum*
475		雀稗属	圆果雀稗	*Paspalum orbiculare*
476			双穗雀稗	*Paspalum paspaloides*
477			雀稗	*Paspalum thunbergii*
478		狼尾草属	狼尾草	*Pennisetum alopecuroides*
479		显子草属	显子草	*Phaenosperma globosa*
480		刚竹属	刚竹	*Phyllostachys bambusoides*
481		刚竹属	水竹	*Phyllostachys heteroclada*
482		早熟禾属	白顶早熟禾	*Poa acroleuca*
483			早熟禾	*Poa annua*
484			硬质早熟禾	*Poa sphondylodes*

（续）

序号	科	属	种	
			中文名	拉丁名
485	禾本科	金发草属	金丝草	*Pogonatherum crinitum*
486			金发草	*Pogonatherum paniceum*
487		棒头草属	棒头草	*Polypogon fugax*
488		芦苇属	芦苇	*Phragmites australis*
489		鹅观草属	鹅观草	*Roegneia kamoji*
490			垂穗鹅观草	*Roegoeria nutans*
491		甘蔗属	斑茅	*Saccharum arundinaceum*
492			甜根子草	*Saccharum spontaneum*
493		狗尾草属	西南莩草	*Setaria forbesiana*
494			金色狗尾草	*Setaria glauca*
495			棕叶狗尾草	*Setatia palmaefolia*
496			皱叶狗尾草	*Setatia plicata*
497			狗尾草	*Setaria viridis*
498		鼠尾粟属	鼠尾粟	*Sporobolus fertilis*
499		菅属	菅	*Themeda villosa*
500		菰属	茭白	*Zizania coduciflore* *
501			茭笋	*Zizania latifolia*
502	莎草科	薹草属	浆果薹草	*Carex baccans* Nees
503			青绿薹草	*Carex breviculmis*
504			栗褐薹草	*Carex brunnea*
505			中华薹草	*Carex chinensis*
506			无脉薹草	*Carex enervis*
507			亮绿薹草	*Carex finitima*
508			长囊薹草	*Carex harlandii*
509			密花薹草	*Carex maubertiana*
510			书带薹草	*Carex rochebrunii*
511		莎草属	风车草	*Cyperus alternifolius* ssp. *flabelliformis* *
512			扁穗莎草	*Cyperus compressus*
513			异型莎草	*Cyperus difformis*
514			褐穗莎草	*Cyperus fuscus*

（续）

序号	科	属	种	
			中文名	拉丁名
515	莎草科	莎草属	聚穗莎草	*Cyperus glomeratus*
516			大密穗莎草	*Cyperus imbricatus* var. *dense-spicatus*
517			碎米莎草	*Cyperus iria*
518			具芒碎米莎草	*Cyperus microinia*
519			小碎米莎草	*Cyperus microiria*
520			纸莎草	*Cyperus papyrus* *
521			毛轴莎草	*Cyperus pilosus*
522			香附子	*Cyperus rotundus*
523		荸荠属	紫果蔺	*Eleocharis atropurea*
524			木贼状荸荠	*Eleocharis equisetina*
525			龙师草	*Eleocharis tetraquetra*
526			荸荠	*Eleocharis uberose*
527			牛毛毡	*Eleocharis yokoscensis*
528		羊胡子草属	丛毛羊胡子草	*Eriophorum comosum*
529		飘拂草属	夏飘拂草	*Fimbristylis aestivalia*
530			两歧飘拂草	*Fimbristylis dichotoma*
531			拟二叶飘拂草	*Fimbristylis diphylloides*
532			球穗飘拂草	*Fimbristylis globulosa*
533			宜昌飘拂草	*Fimbristylis henryi*
534			水虱草	*Fimbristylis miliacea*
535		水蜈蚣属	水蜈蚣	*Kyllinga brevifolia*
536		扁莎属	球穗扁莎	*Pycreus globosus*
537			直球穗扁莎	*Pycreus globosus* var. *strictus*
538		藨草属	三棱藨草	*Scirpus mattfeldianus*
539			萤蔺	*Scirpus juncoides*
540			扁杆藨草	*Scirpus planiculmis*
541			水毛花	*Scirpus trianlatus*
542			藨草	*Scirpus triqueter*
543			水葱	*Scirpus validus* *
544			荆三棱	*Scirpus yagara*
545		珍珠茅属	黑鳞珍珠茅	*Scleria hookeriana*
546			高杆珍珠茅	*Scleria terrestris*

（续）

序号	科	属	种	
			中文名	拉丁名
547	天南星科	菖蒲属	菖蒲	*Acorus calamus*
548			金钱蒲	*Acorus gramineus*
549			石菖蒲	*Acorus tatarinowii*
550		海芋属	海芋	*Alocasia macrorrhiza* *
551		磨芋属	魔芋	*Amorphophullus rivieri* *
552		芋属	芋	*Colocasia esculenta* *
553		半夏属	半夏	*Pinellia ternate*
554		大薸属	大薸	*Pistia stratioides*
555		石柑属	石柑子	*Pothos chinensis*
556		犁头尖属	犁头尖	*Typhonium divaricatum*
557			岩生犁头尖	*Typhonium calcicola*
558	浮萍科	浮萍属	浮萍	*Lemna minor*
559			稀脉浮萍	*Lemna persilla*
560			三脉浮萍	*Lemna trinervis*
561		紫萍属	紫萍	*Spirodella polyrrhiza*
562			四川紫萍	*Spirodella sichuanensis*
563		芜萍属	无根萍	*Wolffia arrhiza*
564	谷精草科	谷精草属	谷精草	*Eriocaulon buergerianum*
565			白药谷精草	*Eriocaulon sieboldianum*
566	鸭跖草科	穿鞘花属	穿鞘花	*Amischotolype hispida*
567		鸭跖草属	饭包草	*Commelia bengalensis*
568			鸭跖草	*Commelina communis*
569		杜若属	杜若	*Pollia japonica*
570	雨久花科	凤眼莲属	凤眼莲	*Eichhornia crassipes*
571		雨久花属	鸭舌草	*Monochoria vaginalis*
572		梭鱼草属	梭鱼草	*Pontederia cordata* *
573	灯心草科	灯心草属	翅茎灯心草	*Juncus alatus*
574			小花灯心草	*Juncus bufonius*
575			星红灯心草	*Juncus diastrophanthus*
576			灯心草	*Juncus effusus*
577			野灯心草	*Juncus setchuanensis*
578		地杨梅属	淡花地杨梅	*Luzula pallescens*

（续）

序号	科	属	种	
			中文名	拉丁名
579	百合科	萱草属	萱草	*Hemerocallis fulva*
580		沿阶草属	麦冬	*Ophiopogon japonicus*
581		吉祥草属	吉祥草	*Reineckia carnea*
582	鸢尾科	唐菖蒲属	唐菖蒲	*Gladious gandavensis* *
583		鸢尾属	蝴蝶花	*Iris japonica*
584			西伯利亚鸢尾	*Iris sibirica* *
585			黄花鸢尾	*Iris wolsonii*
586	芭蕉科	芭蕉属	芭蕉	*Muse basjoo*
587	姜科	山姜属	山姜	*Alpinia japonica*
588			艳山姜	*Alpinia zerumbet*
589		姜属	姜	*Zingiber officinale*
590	花蔺科	水罂粟属	水罂粟	*Hydrocleys nymphoides* *
591		黄花蔺属	黄花蔺	*Limnocharis flava* *
592	竹芋科	再力花属	再力花	*Thalia aealbata* *
593	美人蕉科	美人蕉属	蕉芋	*Canna edulis* *
594			柔瓣美人蕉	*Canna flaccida*
595			大花美人蕉	*Canna generalis* *
596			水生美人蕉	*Canna glauca* *
597			美人蕉	*Canna indica* *

附录2　重庆湿地调查区域动物名录

<table>
<tr><th rowspan="2">序号</th><th rowspan="2">目</th><th rowspan="2">科</th><th colspan="2">种</th></tr>
<tr><th>中文名</th><th>拉丁名</th></tr>
<tr><td colspan="5">脊椎动物</td></tr>
<tr><td colspan="5">(一)鱼　类</td></tr>
<tr><td>1</td><td rowspan="3">鲟形目</td><td rowspan="2">鲟科</td><td>达氏鲟</td><td>Acipenser dabryanus</td></tr>
<tr><td>2</td><td>中华鲟</td><td>Acipenser dabryanus</td></tr>
<tr><td>3</td><td>长吻鲟科</td><td>白鲟</td><td>Psephurus gladius</td></tr>
<tr><td>4</td><td rowspan="2">鲑形目</td><td rowspan="2">银鱼科</td><td>太湖新银鱼</td><td>Neosalanx taihuensis</td></tr>
<tr><td>5</td><td>前颌间银鱼</td><td>Hemisalanx prognathus</td></tr>
<tr><td>6</td><td>鳗鲡目</td><td>鳗鲡科</td><td>鳗鲡</td><td>Anguilla japonica</td></tr>
<tr><td>7</td><td rowspan="22">鲤形目</td><td>胭脂鱼科</td><td>胭脂鱼</td><td>Myxocyprinus asiaticus</td></tr>
<tr><td>8</td><td rowspan="21">鲤科</td><td>中华细鲫</td><td>Aphyocypris chinensis</td></tr>
<tr><td>9</td><td>马口鱼</td><td>Opsariichthys bidens</td></tr>
<tr><td>10</td><td>宽鳍鱲</td><td>Zacco platypus</td></tr>
<tr><td>11</td><td>拉氏鱥</td><td>Phoxinus lagowskii</td></tr>
<tr><td>12</td><td>草鱼</td><td>ctenopharyngodon idellus</td></tr>
<tr><td>13</td><td>鳡</td><td>Elopichthys bambusa</td></tr>
<tr><td>14</td><td>青鱼</td><td>Mylopharyngodon piceus</td></tr>
<tr><td>15</td><td>鳤</td><td>Ochetobius elongatus</td></tr>
<tr><td>16</td><td>鳙</td><td>Aristichthys nobilis</td></tr>
<tr><td>17</td><td>鲢</td><td>Hypophthalmichthys molitrix</td></tr>
<tr><td>18</td><td>赤眼鳟</td><td>Squaliobarbus curriculus</td></tr>
<tr><td>19</td><td>高体近红鲌</td><td>Ancherythroculter kurematsui</td></tr>
<tr><td>20</td><td>黑尾近红鲌</td><td>Ancherythroculter nigrocauda</td></tr>
<tr><td>21</td><td>汪氏近红鲌</td><td>Ancherythroculter wangi</td></tr>
<tr><td>22</td><td>红鳍原鲌</td><td>Cultrichthys erythropterus</td></tr>
<tr><td>23</td><td>拟尖头鲌</td><td>Culter oxycephaloides</td></tr>
<tr><td>24</td><td>尖头鲌</td><td>Culter oxycephalus</td></tr>
<tr><td>25</td><td>翘嘴鲌</td><td>Culter alburnus</td></tr>
<tr><td>26</td><td>团头鲂</td><td>Megalobrama amblycephala</td></tr>
<tr><td>27</td><td>厚颌鲂</td><td>Megalobrama pellegrini</td></tr>
<tr><td>28</td><td>鳊</td><td>Parabramis pekinensis</td></tr>
</table>

（续）

序号	目	科	种	
			中文名	拉丁名
29	鲤形目	鲤科	南方拟䱗	*Pseudohemiculter dispar*
30			寡鳞飘鱼	*Pseudolaubuca engraulis*
31			银飘鱼	*Pseudolaubuca sinensis*
32			䱗	*Hemiculter leucisculus*
33			张氏䱗	*Hemiculter tchangi*
34			贝氏䱗	*Hemiculter bleekeri*
35			半䱗	*Hemiculterella sauvagei*
36			四川华鳊	*Sinibrama taeniatus*
37			伍氏华鳊	*Sinibrama wui*
38			圆吻鲴	*Distoechodon tumirostris*
39			似鳊	*Pseudobrama simoni*
40			银鲴	*Xenocypris argentea*
41			黄尾鲴	*Xenocypris davidi*
42			方氏鲴	*Xenocypris fangi*
43			细鳞鲴	*Xenocypris microlepis*
44			兴凯鱊	*Acheilognathus chankaensis*
45			大鳍鱊	*Acheilognathus macropterus*
46			彩副鱊	*Paracheilognathus imberbis*
47			彩石鳑鲏	*Rhodeus lighti*
48			高体鳑鲏	*Rhodeus ocellatus*
49			宽口光唇鱼	*Acrossocheilus monticola*
50			云南光唇鱼	*Acrossocheilus yunnanensis*
51			光倒刺鲃	*Spinibarbus hollandi*
52			中华倒刺鲃	*Spinibarbus sinensis*
53			四川白甲鱼	*Onychostoma angustistomata*
54			粗须白甲鱼	*Onychostoma barbata*
55			短身白甲鱼	*Onychostoma brevis*
56			小口白甲鱼	*Onychostoma lini*
57			多鳞白甲鱼	*Onychostoma macrolepis*
58			稀有白甲鱼	*Onychostoma rara*
59			白甲鱼	*Onychostoma sima*
60			云南盘鮈	*Discogobio yunnanensis*
61			泸溪直口鲮	*Rectoris luxiensis*

（续）

序号	目	科	种	
			中文名	拉丁名
62	鲤形目	鲤科	华鲮	*Sinilabeo rendahli*
63			洞庭华鲮	*Sinilabeo tungting*
64			钝吻棒花鱼	*Abbottina obtusirostris*
65			棒花鱼	*Abbottina rivularis*
66			似䱻	*Belligobio nummifer*
67			圆口铜鱼	*Coreius guichenoti*
68			铜鱼	*Coreius heterodon*
69			嘉陵颌须鮈	*Gnathopogon herzensteini*
70			短须颌须鮈	*Gnathopogon imberbis*
71			唇䱻	*Hemibarbus labeo*
72			花䱻	*Hemibarbus maculatus*
73			麦穗鱼	*Pseudorasbora parva*
74			圆筒吻鮈	*Rhinogobio cylindricus*
75			吻鮈	*Rhinogobio typus*
76			长鳍吻鮈	*Rhinogobio ventralis*
77			湖南吻鮈	*Rhinogobio hunanensis*
78			江西鳈	*Sarcocheilichthys kiangsiensis*
79			黑鳍鳈	*Sarcocheilichthys nigripinnis*
80			泉水鱼	*Pseudogyrincheilus procheilus*
81			蛇鮈	*Saurogobio dabryi*
82			光唇蛇鮈	*Saurogobio gymnocheilus*
83			银鮈	*Squalidus argentatus*
84			点纹银鮈	*Squalidus wolterstorffi*
85			鲤	*Cyprinus carpio*
86			岩原鲤	*Procypris rabaudi*
87			异鳔鳅鮀	*Xenophysogobio boulengeri*
88			宜昌鳅鮀	*Gobiobotia filifer*
89			裸体异鳔鳅鮀	*Xenophysogobio nudicorpa*
90			短身鳅鮀	*Gobiobotia(Progobiobotia)abbreviata*
91			南方鳅鮀	*Gobiobotia meridionalis*
92			重口裂腹鱼	*Schizothorax davidi*
93			细鳞裂腹鱼	*Schizothorax chongi*
94			齐口裂腹鱼	*Schizothorax prenanti*
95			达氏鲌	*Culter dabryi dabryi*

（续）

序号	目	科	种	
			中文名	拉丁名
96	鲤形目	鲤科	蒙古鲌	*Culter mongolicus mongolicus*
97			瓣结鱼	*Tor brevifilis brevifilis*
98			墨头鱼	*Garra pingi pingi*
99			华鳈	*Sarcocheilichthys sinensis sinensis*
100			鲫	*Carassius auratus auratus*
101			似鮈	*Pseudogobio vaillanti*
102		鳅科	裸腹片唇鮈	*Platysmacheilus nudiventris*
103			宽体沙鳅	*Botia reevesae*
104			中华沙鳅	*Botia superciliaris*
105			长薄鳅	*Leptobotia elongata*
105			薄鳅	*Leptobotia pellegrini*
107			红唇薄鳅	*Leptobotia rubrilabris*
108			紫薄鳅	*Leptobotia taeniops*
109			汉水扁尾薄鳅	*Leptobotia tientaiensis hansuiensis*
110			双斑副沙鳅	*Parabotia bimaculata*
111			花斑副沙鳅	*Parabotia fasciata*
112			中华花鳅	*Cobitis sinensis*
113			泥鳅	*Misgurnus anguillicaudatus*
114		爬鳅科	大鳞副泥鳅	*Paramisgurnus dabryanus*
115			四川爬岩鳅	*Beaufortia szechuanensis*
116			平舟原缨口鳅	*Vanmanenia pingchowensis*
117			犁头鳅	*Lepturichthys fimbriata*
118			下司华吸鳅	*Sinogastromyzon hsiashiensis*
119			西昌华吸鳅	*Sinogastromyzon sichuangensis*
120			四川华吸鳅	*Sinogastromyzon szechuanensis*
121			峨嵋后平鳅	*Metahomaloptera omeiensis omeiensis*
122			短体副鳅	*Paracobitis potanini*
123			红尾副鳅	*Paracobitis variegatus*
124			乌江副鳅	*Paracobitis wujiangenis*
125			勃氏高原鳅	*Triplophysa bleekeri*
126			短身金沙鳅	*Jinshaia abbreviata*
127			中华金沙鳅	*Jinshaia sinensis*

（续）

序号	目	科	种	
			中文名	拉丁名
128	鲇形目	鲇科	鲇	*Silurus asotus*
129			大口鲇	*Silurus meridionalis*
130		鲿科	粗唇鮠	*Leiocassis crassilabris*
131			长吻鮠	*Leiocassis longirostris*
132			大鳍鳠	*Mystus macropterus*
133			黄颡鱼	*Pelteobagrus fulvidraco*
134			光泽黄颡鱼	*Pelteobagrus nitidus*
135			瓦氏黄颡鱼	*Pelteobagrus vachelli*
136			短尾拟鲿	*Pseudobagrus brevicaudatus*
137			凹尾拟鲿	*Pseudobagrus emarginatus*
138			细体拟鲿	*Pseudobagrus pratti*
139			圆尾拟鲿	*Pseudobagrus tenuis*
140			切尾拟鲿	*Pseudobagrus truncatus*
141			乌苏拟鲿	*Pseudobagrus ussuriensis*
142		钝头鮠科	白缘䱀	*Liobagrus marginatus*
143			黑尾䱀	*Liobagrus nigricauda*
144		鮡科	中华纹胸鮡	*Glyptothorax sinensis sinensis*
145			福建纹胸鮡	*Glyptothorax fuliensis fuliensis*
146	合鳃鱼目	合鳃鱼科	黄鳝	*Monopterus albus*
147	鲈形目	鮨科	漓江少鳞鳜	*Coreoperca loona*
148			长身鳜	*Coreosiniperca roulei*
149			鳜	*Siniperca chuatsi*
150			大眼鳜	*Siniperca kneri*
151			斑鳜	*Siniperca scherzeri*
152		斗鱼科	叉尾斗鱼	*Macropodus opercularis*
153		鳢科	乌鳢	*Channa argus*
154		沙塘鳢科	小黄黝鱼	*Micropercops slinhonis*
155		鰕虎鱼科	子陵吻鰕虎鱼	*Rhinogobius giurinus*
156			四川吻鰕虎鱼	*Rhinogobius szechuanensis*
157			波氏吻鰕虎鱼	*Rhinogobius cliffordpopei*
158	鳉形目	鳉科	中华青鳉	*Oryzias latipes sinensis*

（续）

序号	目	科	种	
			中文名	拉丁名
（二）两栖类				
1	有尾目	小鲵科	秦巴巴鲵	*Liua tsinpaensis*
2			施氏巴鲵	*Liua shihi*
3			金佛山拟小鲵	*Pseudohynobius flavomalulatus*
4		隐鳃鲵科	大鲵	*Andrias davidianus*
5		蝾螈科	中国瘰螈	*Paramesotriton lhinensis*
6			尾斑瘰螈	*Paramesotriton laudopunltatus*
7	无尾目	锄足蟾科	利川齿蟾	*Oreolalax li1huanensis*
8			红点齿蟾	*Oreolalax rhodostigmatus*
9			峨山掌突蟾	*Leptolalax oshanensis*
10		角蟾科	淡肩角蟾	*Megophrys boettgeri*
11			小角蟾	*Megophrys minor*
12			棘指角蟾	*Megophrys spinata*
13			巫山角蟾	*Megophrys wushanensis*
14		蟾蜍科	中华蟾蜍	*Bufo gargarizans*
15			华西蟾蜍	*Bufo andrewsi*
16		雨蛙科	华西雨蛙	*Hyla anneltans*
17			无斑雨蛙	*Hyla immalulata*
18			秦岭雨蛙	*Hyla tsinlingensis*
19		蛙科	中国林蛙	*Rana lhensinensis*
20			峨眉林蛙	*Rana omeimontis*
21			湖北侧褶蛙	*Pelophylax hubeiensis*
22			黑斑侧褶蛙	*Pelophylax nigromalulatus*
23			仙琴蛙	*Babina daunlhina*
24			沼水蛙	*Hylarana guentheri*
25			泽蛙	*Fejervarya multistriata*
26			绿臭蛙	*Odorrana margaretae*
27			花臭蛙	*Odorrana slhmalkeri*
28			棘腹蛙	*Quasipaa boulengeri*
29			隆肛蛙	*Nanorana quadranus*
30			崇安湍蛙	*Amolops lhunganensis*
31			华南湍蛙	*Amolops rilketti*

（续）

序号	目	科	种	
			中文名	拉丁名
32	无尾目	树蛙科	经甫树蛙	*Rhalophorus lhenfui*
33			大树蛙	*Rhalophorus dennysi*
34			斑腿泛树蛙	*Polypedates megalephalus*
35		姬蛙科	粗皮姬蛙	*Milrohyla butleri*
36			小弧斑姬蛙	*Milrohyla heymonsi*
37			合征姬蛙	*Milrohyla mixtura*
38			饰纹姬蛙	*Milrohyla ornata*
（三）爬行类				
1	龟鳖目	龟科	乌龟	*Chinemys reevesii*
2		鳖科	鳖	*Pelodiscus sinensis*
3	有鳞目	壁虎科	多疣壁虎	*Gekko japonicus*
4			蹼趾壁虎	*Gekko subpalmatus*
5		鬣蜥科	丽纹龙蜥	*Japalura splendida*
6		蛇蜥科	脆蛇蜥	*Ophisaurus harti*
7		蜥蜴科	北草蜥	*Takydromus septentrionalis*
8			白条草蜥	*Takydromus wolteri*
9		石龙子科	蓝尾石龙子	*Eumeces elegans*
10			中国石龙子	*Eumeces chinensis*
11			铜蜓蜥	*Sphenomorphus indicus*
12		盲蛇科	钩盲蛇	*Ramphotyphlops braminus*
13		游蛇科	黑脊蛇	*Achalinus spinalis*
14			锈链腹链蛇	*Amphiesma craspedogaster*
15			翠青蛇	*Cyclophiops major*
16			赤链蛇	*Dinodon rufozonatum*
17			双斑锦蛇	*Elaphe bimaculata*
18			王锦蛇	*Elaphe carinata*
19			玉斑锦蛇	*Elaphe mandarina*
20			黑眉锦蛇	*Elaphe taeniura*
21			紫灰锦蛇	*Elaphe porphyracea*
22			中国水蛇	*Enhydris chinensis*
23			颈槽蛇	*Rhabdophis nuchalis*
24			虎斑颈槽蛇	*Rhabdophis tigrinus*

（续）

序号	目	科	种	
			中文名	拉丁名
25	有鳞目	游蛇科	乌华游蛇	*Sinonatrix percarinata*
26			乌梢蛇	*Zaocys dhumnades*
27		眼镜蛇科	银环蛇	*Bungarus multicinctus*
28		蝰科	尖吻蝮	*Deinagkistrodon acutus*
29			短尾蝮	*Gloydius brevicaudus*
30			山烙铁头	*Ovophis monticola*
31			菜花原矛头蝮	*Protobothrops jerdonii*
32			原矛头蝮	*Protobothrops mucrosquamatus*
33			竹叶青蛇	*Viridovipera stejnegeri*
（四）鸟　类				
1	䴙䴘目	䴙䴘科	小䴙䴘	*Tachybaptus ruficollis*
2			赤颈䴙䴘	*Podiceps grisegena*
3			黑颈䴙䴘	*Podiceps nigricollis*
4			凤头䴙䴘	*Podiceps cristatus*
5	鹈形目	鸬鹚科	普通鸬鹚	*Phalacrocorax carbo*
6	鹳形目	鹭科	苍鹭	*Ardea cinerea*
7			白鹭	*Egretta garzetta*
8			牛背鹭	*Bubulcus ibis*
9			池鹭	*Ardeola bacchus*
10			绿鹭	*Butorides striatus*
11			夜鹭	*Nycticorax nycticorax*
12			紫背苇鳽	*Ixobrychus eurhythmus*
13			栗苇鳽	*Ixobrychus cinnamomeus*
14			黑苇鳽	*Dupetor flavicollis*
15			大麻鳽	*Botaurus stellaris*
16		鹮科	白琵鹭	*Platalea leucorodia*
17			黑脸琵鹭	*Platalea minor*
18	雁形目	鸭科	大天鹅	*Cygnus cygnus*
19			小天鹅	*Cygnus columbianus*
20			鸿雁	*Anser cygnoides*
21			豆雁	*Anser fabalis*
22			斑头雁	*Anser indicus*
23			赤麻鸭	*Tadorna ferruginea*

（续）

序号	目	科	种	
			中文名	拉丁名
24	雁形目	鸭科	翘鼻麻鸭	*Tadorna tadorna*
25			棉凫	*Nettapus coromandelianus*
26			鸳鸯	*Aix galericulata*
27			罗纹鸭	*Anas falcata*
28			赤膀鸭	*Anas strepera*
29			花脸鸭	*Anas formosa*
30			绿翅鸭	*Anas crecca*
31			绿头鸭	*Anas platyrhynchos*
32			斑嘴鸭	*Anas poecilorhyncha*
33			针尾鸭	*Anas acuta*
34			白眉鸭	*Anas querquedula*
35			琵嘴鸭	*Anas clypeata*
36			赤嘴潜鸭	*Netta rufina*
37			红头潜鸭	*Aythya ferina*
38			青头潜鸭	*Aythya baeri*
39			白眼潜鸭	*Aythya nyroca*
40			凤头潜鸭	*Aythya fuligula*
41			黑海番鸭	*Melanitta nigra*
42			普通秋沙鸭	*Mergus merganser*
43	隼形目	鹰科	黑鸢	*Milvus migrans*
44			松雀鹰	*Accipiter virgatus*
45			雀鹰	*Accipiter nisus*
46			苍鹰	*Accipiter gentilis*
47			普通鵟	*Buteo buteo*
48		隼科	红隼	*Falco tinnunculus*
49			红脚隼	*Falco amurensis*
50	鸡形目	雉科	鹌鹑	*Coturnix japonica*
51			灰胸竹鸡	*Bambusicola thoracica*
52			红腹角雉	*Tragopan temminckii*
53			白冠长尾雉	*Syrmaticus reevesii*
54			环颈雉	*Phasianus colchicus*
55			红腹锦鸡	*Chrysolophus pictus*
56			白腹锦鸡	*Chrysolophus amherstiae*

（续）

序号	目	科	种	
			中文名	拉丁名
57	鹤形目	秧鸡科	普通秧鸡	*Rallus aquaticus*
58			白胸苦恶鸟	*Amaurornis phoenicurus*
59			董鸡	*Gallicrex cinerea*
60			黑水鸡	*Gallinula chloropus*
61			白骨顶	*Fulica atra*
62	鸻形目	反嘴鹬科	黑翅长脚鹬	*Himantopus himantopus*
63		鸻科	凤头麦鸡	*Vanellus vanellus*
64			灰头麦鸡	*Vanellus cinereus*
65			长嘴剑鸻	*Charadrius placidus*
66			金眶鸻	*Charadrius dubius*
67			环颈鸻	*Charadrius alexandrinus*
68		鹬科	丘鹬	*Scolopax rusticola*
69			孤沙锥	*Gallinago solitaria*
70			扇尾沙锥	*Gallinago gallinago*
71			鹤鹬	*Tringa erythropus*
72			青脚鹬	*Tringa nebularia*
73			白腰草鹬	*Tringa ochropus*
74			林鹬	*Tringa glareola*
75			矶鹬	*Actitis hypoleucos*
76			青脚滨鹬	*Calidris temminckii*
77		鸥科	棕头鸥	*Larus brunnicephalus*
78			红嘴鸥	*Larus ridibundus*
79		燕鸻科	普通燕鸻	*Sterna hirundo*
80		燕鸥科	白额燕鸥	*Sterna albifrons*
81	鸽形目	鸠鸽科	山斑鸠	*Streptopelia orientalis*
82			火斑鸠	*Streptopelia tranquebarica*
83			珠颈斑鸠	*Streptopelia chinensis*
84			红翅绿鸠	*Treron sieboldii*
85	鹃形目	杜鹃科	鹰鹃	*Cuculus sparverioides*
86			四声杜鹃	*Cuculus micropterus*
87			大杜鹃	*Cuculus canorus*
88			小杜鹃	*Cuculus poliocephalus*
89			噪鹃	*Eudynamys scolopaceus*

（续）

序号	目	科	种	
			中文名	拉丁名
90	鸮形目	鸱鸮科	领角鸮	*Otus bakkamoena*
91			灰林鸮	*Strix aluco*
92			领鸺鹠	*Glaucidium brodiei*
93			斑头鸺鹠	*Glaucidium cuculoides*
94			纵纹腹小鸮	*Athene noctua*
95			长耳鸮	*Asio otus*
96			短耳鸮	*Asio flammeus*
97	雨燕目	雨燕科	短嘴金丝燕	*Aerodramus brevirostris*
98			白腰雨燕	*Apus pacificus*
99			小白腰雨燕	*Apus nipalensis*
100	佛法僧目	翠鸟科	普通翠鸟	*Alcedo atthis*
101			蓝翡翠	*Halcyon pileata*
102			冠鱼狗	*Megaceryle lugubris*
103	戴胜目	戴胜科	戴胜	*Upupa epops*
104	鴷形目	须鴷科	大拟啄木鸟	*Megalaima virens*
105		啄木鸟科	斑姬啄木鸟	*Picumnus innominatus*
106			星头啄木鸟	*Picoides canicapillus*
107			棕腹啄木鸟	*Picoides hyperythrus*
108			赤胸啄木鸟	*Picoides cathpharius*
109			灰头绿啄木鸟	*Picus canus*
110	雀形目	百灵科	小云雀	*Alauda gulgula*
111		燕科	崖沙燕	*Riparia riparia*
112			岩燕	*Ptyonoprogne rupestris*
113			家燕	*Hirundo rustica*
114			金腰燕	*Hirundo daurica*
115			烟腹毛脚燕	*Delichon dasypus*
116		鹡鸰科	山鹡鸰	*Dendronanthus indicus*
117			白鹡鸰	*Motacilla alba*
118			黄头鹡鸰	*Motacilla citreola*
119			灰鹡鸰	*Motacilla cinerea*
120			田鹨	*Anthus richardi*
121			树鹨	*Anthus hodgsoni*
122			粉红胸鹨	*Anthus roseatus*

（续）

序号	目	科	种	
			中文名	拉丁名
123	雀形目	鹡鸰科	水鹨	*Anthus spinoletta*
124			山鹨	*Anthus sylvanus*
125		山椒鸟科	暗灰鹃鵙	*Coracina melaschistos*
126			小灰山椒鸟	*Pericrocotus cantonensis*
127			灰山椒鸟	*Pericrocotus divaricatus*
128			长尾山椒鸟	*Pericrocotus ethologus*
129		鹎科	领雀嘴鹎	*Spizixos semitorques*
130			黄臀鹎	*Pycnonotus xanthorrhous*
131			白头鹎	*Pycnonotus sinensis*
132			绿翅短脚鹎	*Hypsipetes mcclellandii*
133			黑短脚鹎	*Hypsipetes leucocephalus*
134		伯劳科	虎纹伯劳	*Lanius tigrinus*
135			红尾伯劳	*Lanius cristatus*
136			棕背伯劳	*Lanius schach*
137			灰背伯劳	*Lanius tephronotus*
138		黄鹂科	黑枕黄鹂	*Oriolus chinensis*
139		卷尾科	黑卷尾	*Dicrurus macrocercus*
140			灰卷尾	*Dicrurus leucophaeus*
141			发冠卷尾	*Dicrurus hottentottus*
142		椋鸟科	八哥	*Acridotheres cristatellus*
143			北椋鸟	*Sturnia sturnina*
144			丝光椋鸟	*Sturnus sericeus*
145			灰椋鸟	*Sturnus cineraceus*
146		鸦科	松鸦	*Garrulus glandarius*
147			灰喜鹊	*Cyanopica cyana*
148			红嘴蓝鹊	*Urocissa erythrorhyncha*
149			灰树鹊	*Dendrocitta formosae*
150			喜鹊	*Pica pica*
151			小嘴乌鸦	*Corvus corone*
152			大嘴乌鸦	*Corvus macrorhynchos*
153			白颈鸦	*Corvus torquatus*
154		河乌科	褐河乌	*Cinclus pallasii*
155		鹪鹩科	鹪鹩	*Troglodytes troglodytes*

（续）

序号	目	科	种	
			中文名	拉丁名
156	雀形目	鸫科	红喉歌鸲	*Luscinia calliope*
157			红胁蓝尾鸲	*Tarsiger cyanurus*
158			鹊鸲	*Copsychus saularis*
159			黑喉红尾鸲	*Phoenicurus hodgsoni*
160			白喉红尾鸲	*Phoenicurus schisticeps*
161			北红尾鸲	*Phoenicurus auroreus*
162			蓝额红尾鸲	*Phoenicurus frontalis*
163			红尾水鸲	*Rhyacornis fuliginosus*
164			白顶溪鸲	*Chaimarrornis leucocephalus*
165			小燕尾	*Enicurus scouleri*
166			灰背燕尾	*Enicurus schistaceus*
167			白额燕尾	*Enicurus leschenaulti*
168			黑喉石䳭	*Saxicola torquata*
169			灰林䳭	*Saxicola ferrea*
170			蓝矶鸫	*Monticola solitarius*
171			紫啸鸫	*Myophonus caeruleus*
172			虎斑地鸫	*Zoothera dauma*
173			乌灰鸫	*Turdus cardis*
174			灰翅鸫	*Turdus boulboul*
175			乌鸫	*Turdus merula*
176			斑鸫	*Turdus eunomus*
177		鹟科	乌鹟	*Muscicapa sibirica*
178			北灰鹟	*Muscicapa dauurica*
179			白眉姬鹟	*Ficedula zanthopygia*
180			铜蓝鹟	*Eumyias thalassina*
181			方尾鹟	*Culicicapa ceylonensis*
182		王鹟科	寿带	*Terpsiphone paradisi*
183		画眉科	白喉噪鹛	*Garrulax albogularis*
184			山噪鹛	*Garrulax davidi*
185			灰翅噪鹛	*Garrulax cineraceus*
186			斑背噪鹛	*Garrulax lunulatus*
187			棕噪鹛	*Garrulax poecilorhynchus*
188			画眉	*Garrulax canorus*

（续）

序号	目	科	种	
			中文名	拉丁名
189	雀形目	画眉科	白颊噪鹛	*Garrulax sannio*
190			橙翅噪鹛	*Garrulax elliotii*
191			锈脸钩嘴鹛	*Pomatorhinus erythrogenys*
192			棕颈钩嘴鹛	*Pomatorhinus ruficollis*
193			小鳞胸鹪鹛	*Pnoepyga pusilla*
194			红头穗鹛	*Stachyris ruficeps*
195			矛纹草鹛	*Babax lanceolatus*
196			红嘴相思鸟	*Leiothrix lutea*
197			红翅鵙鹛	*Pteruthius flaviscapis*
198			淡绿鵙鹛	*Pteruthius xanthochlorus*
199			蓝翅希鹛	*Minla cyanouroptera*
200			火尾希鹛	*Minla ignotincta*
201			棕头雀鹛	*Alcippe ruficapilla*
202			褐头雀鹛	*Alcippe cinereiceps*
203			褐胁雀鹛	*Alcippe dubia*
204			灰眶雀鹛	*Alcippe morrisonia*
205		鸦雀科	白领凤鹛	*Yuhina diademata*
206		扇尾莺科	黑颏凤鹛	*Yuhina nigrimenta*
207			棕头鸦雀	*Paradoxornis webbianus*
208			棕扇尾莺	*Cisticola juncidis*
209		莺科	山鹪莺	*Prinia crinigera*
210			纯色山鹪莺	*Prinia inornata*
211			强脚树莺	*Cettia fortipes*
212			黄腹树莺	*Cettia acanthizoides*
213			棕褐短翅莺	*Bradypterus luteoventris*
214			褐柳莺	*Phylloscopus fuscatus*
215			黄腹柳莺	*Phylloscopus affinis*
216			棕眉柳莺	*Phylloscopus armandii*
217			黄腰柳莺	*Phylloscopus proregulus*
218			极北柳莺	*Phylloscopus borealis*
219			暗绿柳莺	*Phylloscopus trochiloides*
220			冕柳莺	*Phylloscopus coronatus*
221			冠纹柳莺	*Phylloscopus reguloides*

（续）

序号	目	科	种	
			中文名	拉丁名
222	雀形目	莺科	栗头鹟莺	*Seicercus castaniceps*
223			棕脸鹟莺	*Abroscopus albogularis*
224		戴菊科	戴菊	*Regulus regulus*
225		绣眼鸟科	暗绿绣眼鸟	*Zosterops japonicus*
226		长尾山雀科	红头长尾山雀	*Aegithalos concinnus*
227			银脸长尾山雀	*Aegithalos fuliginosus*
228		山雀科	黄腹山雀	*Parus venustulus*
229			大山雀	*Parus major*
230			绿背山雀	*Parus monticolus*
231		䴓科	普通䴓	*Sitta europaea*
232		旋壁雀科	红翅旋壁雀	*Tichodroma muraria*
233		啄花鸟科	纯色啄花鸟	*Dicaeum concolor*
234		花蜜鸟科	蓝喉太阳鸟	*Aethopyga gouldiae*
235			叉尾太阳鸟	*Aethopyga christinae*
236		雀科	山麻雀	*Passer rutilans*
237			麻雀	*Passer montanus*
238		梅花雀科	白腰文鸟	*Lonchura striata*
239			斑文鸟	*Lonchura punctulata*
240		燕雀科	燕雀	*Fringilla montifringilla*
241			普通朱雀	*Carpodacus erythrinus*
242			酒红朱雀	*Carpodacus vinaceus*
243			金翅雀	*Carduelis sinica*
244			锡嘴雀	*Coccothraustes coccothraustes*
245			黑尾蜡嘴雀	*Eophona migratoria*
246			黑头蜡嘴雀	*Eophona personata*
247		鹀科	凤头鹀	*Melophus lathami*
248			蓝鹀	*Latoucheornis siemsseni*
249			灰眉岩鹀	*Emberiza godlewskii*
250			三道眉草鹀	*Emberiza cioides*
251			小鹀	*Emberiza pusilla*
252			黄眉鹀	*Emberiza chrysophrys*
253			田鹀	*Emberiza rustica*
254			黄喉鹀	*Emberiza elegans*

（续）

序号	目	科	种	
			中文名	拉丁名
255	雀形目	鹀科	黄胸鹀	*Emberiza aureola*
256			栗鹀	*Emberiza rutila*
（五）哺乳类				
1	食虫目	猬科	刺猬	*Erinaceus amurensis*
2		鼹科	长吻鼹	*Euroscaptor longirostris*
3			短尾鼹	*Euroscaptor micrura*
4			鼩鼹	*Uropsilus soricipes*
5		鼩鼱科	微尾鼩	*Anourosorex squamipes*
6			灰麝鼩	*Crocidura attenuata*
7			小鼩鼱	*Sorex minutus*
8	翼手目	蹄蝠科	普氏蹄蝠	*Hipposideros pratti*
9			无尾蹄蝠	*Coelops frithi*
10			大马蹄蝠	*Hipposideros armiger*
11		菊头蝠科	皮氏菊头蝠	*Rhinolophus pearsoni*
12			大菊头蝠	*Rhinolophus luctus*
13		蝙蝠科	大足鼠耳蝠	*Myotis ricketti*
14			灰伏翼	*Hypsugo pulveratus*
15			普通伏翼	*Pipistrellus pipistrellus*
16			中华山蝠	*Nyctalus plancyi*
17			西南鼠耳蝠	*Myotis altarium*
18			中华鼠耳蝠	*Myotis chinensis*
19		犬吻蝠科	宽耳犬吻蝠	*Tadarida insignis*
20			皱唇蝠	*Chaerophon plicatus*
21	鳞甲目	鲮鲤科	中国穿山甲	*Manis pentadactyla*
22	灵长目	猴科	藏酋猴	*Macaca thibetana*
23			猕猴	*Macaca mulatta*
24			黑叶猴	*Trachypithecus francoisi*
25	食肉目	犬科	貉	*Nyctereutes procyonoides*
26			赤狐	*Vulpes vulpes*
27		鼬科	猪獾	*Arctonyx collaris*
28			黄腹鼬	*Mustela kathiah*
29			黄鼬	*Mustela sibirica*
30			鼬獾	*Melogale moschata*

（续）

序号	目	科	种	
			中文名	拉丁名
31	食肉目		水獭	*Lutra lutra*
32			青鼬	*Martes flavigula*
33			狗獾	*Meles meles*
34		灵猫科	小灵猫	*Viverricula indica*
35			大灵猫	*Viverra zibetha*
36			斑灵狸	*Prionodon paricolor*
46			果子狸	*Paguma larvata*
37		猫科	豹猫	*Prionailurus bengalensis*
38		獴科	食蟹獴	*Herpestes urva*
39	偶蹄目	猪科	野猪	*Sus scrofa*
40		麝科	林麝	*Moschus berezovskii*
41		鹿科	水鹿	*Rusa unicolor*
42			小麂	*Muntiacus reevesi*
43			毛冠鹿	*Elaphodus cephalophus*
44		牛科	中华斑羚	*Naemorhedus caudatus*
45			中华鬣羚	*Capricornis milneedwardsii*
47	啮齿目	松鼠科	红颊长吻松鼠	*Dremomys rufigenis*
48			珀氏长吻松鼠	*Dremomys pernyi*
49			赤腹松鼠	*Callosciurus erythraeus*
50			纹背松鼠	*Callosciurus atrodorsalis*
51			岩松鼠	*Sciurotamias davidianus*
52			隐纹花鼠	*Tamiops swinhoei*
53		鼯鼠科	复齿鼯鼠	*Trogopterus xanthipes*
54			红白鼯鼠	*Petaurista alborufus*
55		鼠科	巢鼠	*Micromys minutus*
56			中华姬鼠	*Apodemus draco*
57			黑线姬鼠	*Apodemus agrarius*
58			褐家鼠	*Rattus norvegicus*
59			黄胸鼠	*Rattus tanezumi*
60			大足鼠	*Rattus nitidus*
61			东亚屋顶鼠	*Rattus brunneusculus*
62			安氏白腹鼠	*Niviventer andersoni*
63			刺毛鼠	*Niviventer fulvescens*

（续）

序号	目	科	种	
			中文名	拉丁名
64	啮齿目	鼠科	社鼠	*Niviventer confucianus*
65			白腹巨鼠	*Leopoldamys edwardsi*
66			小家鼠	*Mus musculus*
67			青毛硕鼠	*Berylmys bowersi*
68		仓鼠科	大绒鼠	*Eothenomys miletus*
69			滇绒鼠	*Eothenomys eleusis*
70			黑腹绒鼠	*Eothenomys melanogaster*
71		刺山鼠科	猪尾鼠	*Typhlomys cinereus*
72		鼹形鼠科	罗氏鼢鼠	*Eospalax rothschildi*
73			中华竹鼠	*Rhizomys sinensis*
74		豪猪科	帚尾豪猪	*Atherurus macrourus*
75			中国豪猪	*Hystrix hodgsoni*
76	兔形目	兔科	草兔	*Lepus tolai*

附录3 重庆重点调查湿地概况

1. 重庆三峡水库重点调查湿地

重庆三峡水库调查湿地总面积77734.7公顷，湿地斑块数量共32块；湿地类主要为人工湿地；主要湿地型为库塘湿地。地理坐标为东经105°49′~110°12′、北纬28°28′~31°44′，位于长江上游下段，东起巫山县、西至江津区、南起武隆县、北至开县。

湿地高等植物112科317属525种。国家重点保护野生植物5种，其中国家Ⅰ级保护野生植物1种，国家Ⅱ级保护野生植物4种。

湿地植被总面积约346.1公顷，野外调查显示植物群落类型有123个群系。

脊椎动物221种，包括鸟纲16目49科121属191种；两栖纲2目7科17属26种；爬行纲2目11科20属27种；哺乳纲8目21科42属48种；鱼纲8目18科80属130种。

国家重点保护野生动物28种。其中，国家Ⅰ级保护野生动物3种，国家Ⅱ级保护动物25种。在国家重点保护野生动物中，湿地鸟类15种，国家Ⅱ级保护鸟类15种。

重庆三峡水库总体由重庆市三峡水库管理局和三峡工程开发建设总公司管理，水库区域内各区县分别管辖其辖区内的相关事项。

主要受到污染、外来物种入侵威胁。

2. 重庆长寿湖重点调查湿地

重庆长寿湖重点调查湿地总面积5048.31公顷，湿地斑块数量共4块；湿地类主要为人工湿地；主要湿地型为库塘湿地。位于长寿区与垫江县交界处。

湿地高等植物92科267属410种。国家重点保护野生植物4种，其中国家Ⅱ级保护野生植物4种。

湿地植被总面积约24.5公顷，野外调查显示植物群落类型有11个群系。

湿地内共有脊椎动物305种。包括鸟纲15目49科120属189种，两栖纲1目3科6属7种；爬行纲2目7科12属12种；哺乳纲6目19科40属53种；鱼类有5目9科35属44种。无脊椎动物共有16种，隶属于5目13科14属。

国家重点保护野生动物18种。其中，有国家Ⅱ级保护动物18种。在国家重点保护野生动物中，湿地鸟类15种，国家Ⅱ级保护鸟类15种。共有重庆市级重点保护动物19种。

湿地主管部门为重庆市农垦集团，管理机构为长寿湖管委会。

主要受到污染、泥沙淤积、过度捕捞和采集、不合理旅游开发威胁。

3. 重庆大洪湖重点调查湿地

重庆大洪湖重点调查湿地斑块数量1块，湿地总面积1017.54公顷；湿地类人工湿地；湿地型为库塘。中心地理坐标为东经106°58′，北纬30°00′，位于重庆市中部，主城区东北方向，长寿区与四川省邻水县交界处，在行政区划上分别跨长寿区万顺镇、洪湖镇。

湿地植物92科259属371种，其中苔藓植物有13科14属15种，蕨类植物有13科15属22种，被子植物则有65科229属333种。国家重点野生保护植物5种，其中有国家Ⅰ级保护野生植物1种，国家Ⅱ级保护植物4种。

湿地植被总面积约18.6公顷，野外调查显示植物群落类型有14个群系，均为草丛群系。

脊椎动物221种。包括鸟纲15目15科102属150种；两栖纲1目3科6属7种；爬行纲2目5科9属9种；哺乳纲5目11科19属21种；鱼纲5目9科27属34种。无脊椎动物共有16种，隶属于5目12科14属。

国家重点保护野生动物9种。其中，国家Ⅱ级保护动物9种，包括鸟类8种分别为赤颈䴙䴘、鸳鸯、黑鸢、普通鵟、红隼、领鸺鹠、斑头鸺鹠、短耳鸮；兽类只有水獭1种。重庆市级重点保护动物20种。

2009年长寿区计划申请建立大洪湖湿地公园，规划湿地公园面积为1000公顷，由长寿区人民政府主管，由长寿区大洪湖管委会经营管理。

主要受到基建和城市化、围垦、泥沙淤积、污染、水利工程和引排水的负面影响、沙化威胁。

4. 重庆大巴山国家级自然保护区重点调查湿地

重庆大巴山国家级自然保护区重点调查湿地范围面积136017公顷，湿地面积1370公顷。湿地类包括河流湿地1318.19公顷和人工湿地51.81公顷；主要湿地型包括永久性河流1318.19公顷、库塘51.81公顷。地理坐标为东经108°27′07″~109°16′40″，北纬31°37′27″~32°12′15″。位于重庆市城口县内。

湿地植物91科252属419种，其中苔藓植物15科18属20种，蕨类植物有12科16属25种，被子植物有63科217属373种；国家Ⅰ级保护植物水杉，国家Ⅱ级保护植物金荞麦1种。

湿地植被总面积约22.5公顷，野外调查显示植物群落类型有33个群系，以草丛群系为主。

湿地内有脊椎动物287种，包括鸟纲14目44科106属159种，两栖纲2目6科13属17种，爬行纲2目8科13属16种，哺乳纲8目21科35属40种，鱼纲4目9科41属55种；无脊椎动物2门3纲3目7科8属8种。

国家重点保护野生动物12种。其中，有国家Ⅰ级保护动物1种，即林麝。有国家Ⅱ级保护动物11种，包括鸟类6种分别为黑鸢、雀鹰、短耳鸮、纵腹小鸮、红腹锦鸡、红腹角雉；两栖类1种，兽类4种。有重庆市级重点保护动物11种，包括鸟类4种，两栖爬行类各1种，兽类3种，鱼类2种。

于2003年6月9日建立重庆市大巴山国家级自然保护区，主管部门为城口县人民政府，管理机构为重庆大巴山国家级自然保护区管理局。

主要受到人为活动威胁。

5. 重庆金佛山国家级自然保护区重点调查湿地

重庆金佛山国家级自然保护区重点调查湿地范围面积41850公顷，湿地面积132.37公顷，湿地类为河流湿地；湿地型为永久性河流。地理坐标为东经107°00′~107°20′，北纬28°50′~29°20′，位于重庆市南川区境内。

湿地植物120科330属609种，其中苔藓植物有22科26属38种，蕨类植物有18科27属56种，被子植物则有79科277属514种。国家重点保护野生植物3种，其中野生保护植物仅蓼科的金荞麦1种，属国家Ⅱ级保护植物，栽培种分别是杉科的水杉和睡莲科的莲，分属国家Ⅰ级、Ⅱ级保护植物。

湿地植被总面积约31.8公顷，植物群落类型有24个群系，以草丛群系为主，另有少量的灌丛、乔木群系。

湿地共有鸟类14目39科73属95种；两栖共有2目9科17属24种；爬行类2目9科22属29种；兽类共有6目16科26属29种；鱼类4目9科27属30种。无脊椎动物4目10科10属11种。

国家重点保护野生动物11种。国家Ⅰ级保护动物2种，国家Ⅱ级保护动物9种，其中鸟类5种，分别为黑鸢、苍鹰、红隼、红腹角雉、斑头鸺鹠，两栖1种，兽类3种；有重庆市级重点保护动物18种，包括鸟类5种，两栖类7种，爬行类3种，兽类2种，鱼类1种。

于1979建立省级自然保护区，2000年晋升为国家级自然保护区。由重庆市南川区林业局主管，管理机构为重庆金佛山国家级自然保护区管理局。

无威胁因子。

6. 重庆开县雪宝山市级自然保护区重点调查湿地

重庆开县雪宝山市级自然保护区重点调查湿地范围面积23452公顷。湿地面积62.84公顷，湿地类为河流湿地，湿地型为永久性河流。地理坐标为东经108°34′23″~108°53′45″，北纬31°33′23″~31°41′40″。位于重庆市开县北部。

湿地植物77科252属325种，其中苔藓植物有8科9属9种，蕨类植物有10科12属18种，被子植物则有59科231属297种；有国家Ⅰ级保护植物1种，水杉；国家Ⅱ级保护植物1种，金荞麦。

湿地植被总面积约17.6公顷，野外调查显示植物群落类型有33个群系，以草丛群系为主，另有少量的灌丛群系和乔木群系如慈竹群系、枫杨群系。

湿地内脊椎动物共277种，包括鸟纲12目32科65属90种，两栖纲2目7科11属14种，爬行纲2目7科12属15种，哺乳纲5目11科22属23种，鱼纲6目11科33属33种；无脊椎动物2门3纲5目10科11属12种。

国家重点保护野生动物8种。其中，有国家Ⅱ级保护动物8种，包括鸟类4种分别为普通鵟、红腹角雉、红腹锦鸡；兽类4种。有重庆市级重点保护动物6种，包括鸟类3种，兽类3种。

于2000年7月建立的县级级自然保护区，2002年升级为市级自然保护区。由开县林业局主管，管理机构为开县雪宝山市级自然保护区管理局。

主要受到水利工程和引排水的负面影响、外来物种入侵威胁。

7. 重庆开县澎溪河湿地自然保护区重点调查湿地

开县澎溪河湿地自然保护区重点调查湿地范围面积4107公顷，湿地总面积1755.23公顷；湿地类为人工湿地，湿地型为库塘。地理坐标为东经108°27′45.05″～108°35′00.05″，北纬31°05′37.74″～31°12′30.26″；位于重庆市东北部，地处大巴山麓、三峡库区腹地、长江三峡水库澎溪河支流回水末端。

湿地植物92科244属414种，其中苔藓植物有16科20属22种，蕨类植物有11科14属21种，被子植物则有64科209属370种；野生保护植物主要有蓼科的金荞麦、菱科的野菱和泽泻科的浮叶慈姑，栽培植物则有水杉、莲等，保护级别除水杉为国家Ⅰ级保护植物外，其他均属国家Ⅱ级保护植物。

湿地植被总面积约51.4公顷，野外调查显示植物群落类型有40个群系，均为草丛群系。

脊椎动物194种。包括鸟纲14目38科74属97种；两栖纲1目4科6属8种；爬行纲2目6科11属14种；哺乳纲4目10科20属21种；鱼纲5目11科45属54种。无脊椎动物共有17种，隶属于纲5目11科14属。

国家重点保护野生动物9种。其中，国家Ⅰ级保护动物1种，即林麝。有国家Ⅱ级保护动物8种，包括鸟类6种分别为黑鸢、红隼、斑头鸺鹠、鸳鸯、红腹锦鸡和红腹角雉；兽类2种。有重庆市级重点保护动物12种，包括鸟类6种，兽类3种，鱼类3种。

本湿地已有的保护措施是已建立湿地自然保护区，湿地主管部门为开县林业局，管理机构是重庆开县澎溪河湿地自然保护区管理局。

主要受到水利工程和引排水的负面影响和外来物种入侵威胁。

8. 重庆三峡库区巫山段湿地自然保护区重点调查湿地

重庆三峡库区巫山段湿地自然保护区重点调查湿地范围面积20393公顷，湿地总面积1758.61公顷；湿地类包括河流湿地、人工湿地；主要湿地型包括永久性河流、库塘。地理坐标为东经110°04′～111°36′，北纬31°09′～31°38′，位于重庆市巫山县境内。

湿地植物93科257属415种，其中苔藓植物有15科18属19种，蕨类植物有13科17属25种，被子植物则有64科221属370种。河流湿地中保护植物相对较少，调查中仅发现有2种，其中野生保护植物仅蓼科的金荞麦1种，属国家Ⅱ级保护植物，栽培种水杉属国家Ⅰ级保护植物。

湿地植被总面积约46.2公顷，野外调查显示植物群落类型有38个群系，草丛群系占绝对优势，另有少量的灌丛、乔木群系。

脊椎动物共277种，包括鸟纲15目43科89属123种，两栖纲2目8科13属17种，爬行纲2目6科11属14种，哺乳纲8目16科27属28种，鱼纲7目16科70属95种；无脊椎动物2门3纲4目7科9属11种。

国家重点保护野生动物10种。其中，国家Ⅱ级保护动物10种，包括鸟类6种分别为黑鸢、松雀鹰、普通鵟、红隼、斑头鸺鹠、鸳鸯；两栖类1种，即大鲵；兽类2种，为猕猴和水獭；鱼类有1种，即胭脂鱼。有重庆市级重点保护动物14种，包括鸟类9种，兽类2种，鱼类3种。

于2007年12月建立县级湿地自然保护区，由巫山县林业局主管，管理机构为重庆三峡库区巫山段湿地自然保护区管理处。

主要受到泥沙淤积威胁。

9. 重庆小南海湿地自然保护区重点调查湿地

重庆小南海湿地自然保护区重点调查湿地范围面积10583公顷，湿地面积262.88公顷；湿地类包括湖泊湿地、河流湿地；主要湿地类包括永久性淡水湖、永久性河流。地理坐标为东经108°37′45″～108°45′48″，北纬29°33′26″～29°43′21″。位于重庆市黔江区小南海镇。

湿地植物94科257属419种，其中苔藓植物有14科16属17种，蕨类植物有15科19属27种，被子植物则有64科221属374种。湖泊湿地中保护植物相对较少，调查中仅发现有2种，其中野生保护植物仅蓼科的金荞麦1种，属国家Ⅱ级保护植物，栽培种水杉属国家Ⅰ级保护植物。

湿地植被以湿生类型为主，总面积约4.5公顷，野外调查显示植物群落类型有19个群系，草丛群系占绝对优势。

脊椎动物鸟纲11目40科84属114种，两栖纲1目4科8属11种，爬行纲2目6科13属17种，哺乳纲5目9科13属13种，鱼纲5目10科28属31种；无脊椎动物2门3纲5目9科11种。

国家重点保护野生动物9种。其中，国家Ⅱ级保护动物9种，包括鸟类7种分别为黑鸢、松雀鹰、普通鵟、红隼、领鸺鹠、短耳鸮、鸳鸯；兽类2种分别为青鼬、中华斑羚。有重庆市级重点保护动物9种，包括鸟类4种，爬行类1种，兽类4种。

于2007年建立重庆小南海湿地自然保护区，主管部门为重庆市黔江区林业局；管理机构为重庆市黔江区湿地保护管理站。。

主要受到泥沙淤积威胁。

10. 重庆长江三峡云阳小江湿地自然保护区重点调查湿地

重庆长江三峡云阳小江湿地自然保护区重点调查湿地范围面积6736公顷，湿地面积3343.17公顷；湿地类为人工湿地，湿地型为库塘。地理坐标为东经108°32′24″～108°43′12″，北纬31°01′02″～31°08′24″。位于重庆市云阳县北部。

湿地植物91科250属412种，其中苔藓植物有14科17属18种，蕨类植物有12科15属23种，被子植物则有64科217属370种。河流湿地中野生保护植物主要有蓼科的金荞麦、菱科的野菱和泽泻科的浮叶慈姑等3种，栽培植物则有水杉、莲等，保护级别除水杉为国家Ⅰ级外，其他均属国家Ⅱ级保护植物。

湿地植被分布总面积约60.5公顷，野外调查显示植物群落类型有45个群系，以草丛群系为主。

脊椎动物287种，包括鸟纲15目42科87属149种，两栖纲1目3科7属8种，爬行纲2目7科12属13种，哺乳纲6目12科21属21种，鱼纲7目16科70属102种；无脊椎动物2门3纲3目7科8属9种。

国家重点保护野生动物14种。其中，国家Ⅰ级保护动物1种，即林麝。有国家Ⅱ级保护动物13种，包括鸟类11种分别为鸳鸯、黑鸢、松雀鹰、雀鹰、苍鹰、普通鵟、红隼、红腹角雉、灰林鵖、领鸺鹠、斑头鸺鹠；兽类2种，即水獭、青鼬。有重庆市级重点保护动物19种，包括鸟类9种，兽类4种，鱼类6种。

于2008年建立重庆长江三峡云阳小江湿地自然保护区，级别为县级，主管部门为云阳县林业局；管理机构为重庆长江三峡云阳小江湿地自然保护区管理局。

主要受到自然灾害和病虫害威胁。

11. 重庆三峡库区石柱段湿地自然保护区重点调查湿地

重庆三峡库区石柱段湿地自然保护区重点调查湿地湿地总面积234.62公顷，湿地类为人工湿地，湿地型为库塘，地理坐标为东经107°59′～108°34′，北纬29°39′～30°32′。位于重庆市石柱县西沱镇西北部。

湿地植物85科237属389种，其中苔藓植物有10科11属12种，蕨类植物有12科15属22种，被子植物则有63科211属355种。河流湿地中野生保护植物相对较少，调查中仅发现有2种，均为野生保护植物，即蓼科的金荞麦和泻泽科的浮叶慈姑，属国家Ⅱ级保护植物。

湿地植被总面积约32.8公顷，野外调查显示植物群落类型有22个群系，多以草丛群系为主，少部分乔木群系。

脊椎动物188种。包括鸟纲10目35科64属86种；两栖纲1目3科4属4种；爬行纲2目4科7属7种；哺乳纲1目1科3属3种；鱼纲7目13科60属88种；无脊椎动物共有15种，隶属于5目11科14属。

国家重点保护野生动物5种。其中，国家Ⅱ级保护动物5种，包括鸟类4种，分别为黑鸢、红隼、斑头鸺鹠、短耳鸮；鱼类1种，为胭脂鱼。有重庆市级重点保护动物10种，包括鸟类4种，两栖类2种，鱼类4种。

已成立重庆三峡库区石柱段湿地自然保护区，级别为县级，面积为1529.49公顷。主管部门涉及林业、水利等，管理机构为保护区管理处。

主要受到基建和城市化、泥沙淤积、水利工程和引排水的负面影响威胁。

12. 重庆三峡库区丰都段湿地自然保护区重点调查湿地

重庆三峡库区丰都段湿地自然保护区重点调查湿地调查范围面积4000.06公顷，湿地面积241.06公顷；湿地类包括河流湿地、人工湿地；地理坐标为东经107°46′03″～108°01′00″，北纬29°46′30″～29°51′55″，位于重庆市丰都县中部。

湿地植物90科236属379种，其中苔藓植物有12科13属14种，蕨类植物有14科16属23种，被子植物则有63科206属341种。河流湿地中保护植物相对较少，调查中仅发现有2种，其中野生保护植物仅蓼科的金荞麦1种，属国家Ⅱ级保护植物，栽培种水杉属国家Ⅰ级保护植物。

湿地植被总面积约49.5公顷，野外调查显示植物群落类型有40个群系，多数为草丛群系，极少部分乔木群系。

脊椎动物196种，有鸟纲15目43科94属140种，两栖纲1目6科13属16种，爬行纲2目11科20属24种，哺乳纲8目15科24属28种，鱼类8目18科78属124种；无脊椎动物2门3纲4目科9属11种。

国家重点保护野生动物19种。其中，国家Ⅰ级保护动物2种，即中华鲟、达氏鲟。有国家Ⅱ级保护动物17种，包括鸟类12种分别为鸳鸯、黑鸢、雀鹰、苍鹰、普通鵟、红隼、红脚隼、红腹锦鸡、白腹锦鸡、斑头鸺鹠、长耳鸮、短耳鸮；兽类4种；鱼类有1种。有重庆市级重点保护动物11种，包括鸟类8种，两栖类2种，爬行类1种，兽类2种，鱼类7种。

于2009年3月建立重庆三峡库区丰都段县级湿地自然保护区，主管部门为丰都县林业局；管理机构为丰都县湿地保护管理中心。

主要受基建和城市化、围垦、泥沙淤积、污染、过度捕捞和采集、非法狩猎、水利工程和引排水的负面影响、外来物种入侵、过牧、森林过度采伐威胁。

13. 重庆三峡库区江津段湿地自然保护区重点调查湿地

重庆三峡库区江津段湿地自然保护区重点调查湿地范围面积1178公顷，湿地面积165.87公顷；湿地类为河流湿地；湿地型为永久性河流。地理坐标为东经105°49′～106°28′，北纬28°28′～29°28′，位于重庆市江津区南部。

湿地植物96科261属438种，其中苔藓植物有12科12属13种，蕨类植物有13科17属27种，被子植物则有70科231属397种。河流湿地区域中保护植物相对较少，调查中仅发现有3种，其中野生保护植物蓼科的金荞麦和栽培种睡莲科的莲，均属国家Ⅱ级保护植物，而栽培种水杉属国家Ⅰ级保护植物。

湿地植被总面积约33.6公顷，野外调查显示植物群落类型有10个群系，均为草丛群系。

脊椎动物鸟纲13目38科71属90种，两栖纲1目3科5属5种，爬行纲1目6科10属11种，哺乳纲5目11科20属23种，鱼纲8目18科70属104种；无脊椎动物2门3纲4目9科9属10种。

国家重点保护野生动物12种。其中，国家Ⅰ级保护动物2种，即中华鲟、达氏鲟。有国家Ⅱ级保护动物10种，包括鸟类5种分别为黑鸢、雀鹰、普通鵟、红隼、领鸺鹠；兽类4种，即水獭、小灵猫、大灵猫、水鹿；鱼类1种，即胭脂鱼。有重庆市级重点保护动物14种，包括鸟类6种，兽类4种，鱼类4种。

于2009年建立重庆三峡库区江津段湿地自然保护区、级别为县级，主管部门为重庆市江津区林业局；管理机构为重庆三峡库区江津段湿地自然保护区管理站。

无威胁因子。

14. 重庆三峡库区忠县段湿地自然保护区

重庆三峡库区忠县段湿地自然保护区重点湿地范围面积3000公顷，湿地总面积453.69公顷，湿地斑块数量共4块；湿地类河流湿地；湿地型为永久性河流。位于忠县中部，涉及黄金镇、忠州镇。

湿地植物85科226属375种，其中苔藓植物有14科17属18种，蕨类植物有13科16属23种，被子植物则有58科193属334种。河流湿地区域中保护植物有2种，其中一种是野生保护植物蓼科的金荞麦，另一种是栽培种睡莲科的莲，均属国家Ⅱ级保护植物。

湿地植被总面积约44.5公顷，野外调查显示植物群落类型有37个群系，多数为草丛群系。

脊椎动物鸟纲15目42科90属119种，两栖纲1目4科7属8种，爬行纲2目6科11属13种，哺乳纲6目10科17属18种，鱼纲8目17科74属113种；无脊椎动物2门3纲5目10科12属14种。

国家重点保护野生动物12种。其中，国家Ⅰ级保护动物2种，即中华鲟和达氏鲟；有国家Ⅱ级保护动物10种，包括鸟类8种分别为黑鸢、松雀鹰、雀鹰、普通鵟、红隼、红腹角雉、红腹锦鸡、斑头鸺鹠；兽类1种，为水獭；鱼类1种，即胭脂鱼。有重庆市级重点保护动物17种，包括鸟类8种，兽类2种，鱼类7种。

于2008年建立重庆三峡库区忠县段湿地自然保护区，湿地主管部门为忠县林业局，管理机构为忠县湿地保护管理站。

主要受到基建和城市化威胁。

15. 重庆三峡阳水河湿地自然保护区

重庆三峡阳水河湿地自然保护区重点调查湿地范围面积6996公顷，湿地面积171.72公顷；湿地类包括河流湿地(面积103.08公顷)和人工湿地(面积68.64公顷)；主要湿地型包括永久性河流(面积103.08公顷)和库塘面积(68.64公顷)。地理位置为东经107°46′24″~107°50′48″，北纬29°19′12″~29°32′15″；位于重庆武隆县东北。

湿地植物96科274属426种，其中苔藓植物有15科16属17种，蕨类植物有13科17属26种，被子植物则有68科241属383种。河流湿地区域中保护植物有2种，野生保护植物蓼科的金荞麦与栽培种睡莲科的莲，均属国家Ⅱ级保护植物。

湿地植被总面积约15.6公顷，野外调查显示植物群落类型有17个群系，均为草丛群系。

脊椎动物共177种，包括鸟纲15目42科62属112种，两栖纲1目6科13属17种，爬行纲2目3科9属10种，哺乳纲6目12科20属22种，鱼纲4目5科16属16种；无脊椎动物2门3纲3目5科5属5种。

国家重点保护野生动物12种。其中，国家Ⅱ级保护动物12种，包括鸟类9种分别为黑鸢、松雀鹰、雀鹰、普通鵟、红隼、鸳鸯、红腹角雉、红腹锦鸡、斑头鸺鹠；兽类3种，即水獭、青鼬、小灵猫。有重庆市级重点保护动物11种，包括鸟类6种，两栖类1种，兽类4种。

于2009年建立重庆三峡阳水河湿地自然保护区，级别为县级，主管部门为武隆县林业局，管理机构为武隆县湿地保护管理局。

主要受到人畜破坏威胁。

16. 重庆长寿湖湿地自然保护区重点调查湿地

重庆长寿湖湿地自然保护区重点调查湿地湿地范围面积8912公顷，湿地面积721.19公顷，湿地斑块1块；湿地类为人工湿地；湿地型为库塘。地理坐标为东经107°15′28″~107°27′44″，北纬29°58′25″~30°04′51″，位于垫江县南部。

湿地植物95科259属403种，其中苔藓植物有13科16属16种，蕨类植物有14科17属23种，被子植物则有68科226属364种。湖泊湿地区域中保护植物有2种，野生保护植物蓼科的金荞麦和栽培种睡莲科的莲，属国家Ⅱ级保护植物。

湿地植被以湿生类型为主，湿地植被总面积约12.7公顷，野外调查显示植物群落类型有31个群系，均为草丛群系。

脊椎动物236种，包括鸟纲15目49科111属173种；两栖纲1目3科5属5种；爬行纲2目4科8属8种，主要分布在农耕区、灌草丛；哺乳纲4目8科16属16种；鱼纲5目9科38属24种。无脊椎动物共有18种，隶属于5目11科16属。

国家重点保护野生动物15种。其中，国家Ⅱ级保护动物15种，均为鸟类，分别是赤颈䴙䴘、白琵鹭、黑脸琵鹭、大天鹅、小天鹅、鸳鸯、黑鸢、松雀鹰、雀鹰、苍鹰、普通𫛭、红隼、领鸺鹠、斑头鸺鹠、短耳鸮。有重庆市级重点保护动物27种，包括鸟类19种，两栖类3种，兽类5种。

于2008年1月重庆长寿湖湿地自然保护区，级别为县级，主管部门为垫江县林业局；管理机构垫江县湿地保护站。

无湿地威胁因子。

17. 重庆安澜鹭类自然保护区重点调查湿地

重庆安澜鹭类自然保护区重点调查湿地范围面积面积1004公顷，湿地面积12.99公顷；湿地类为河流湿地；湿地型为永久性河流。位于重庆市巴南区安澜镇。

湿地植物229科85属367种，其中苔藓植物有12科14属14种，蕨类植物有13科16属23种，被子植物则有60科199属330种。保护区内湿地保护植物有2种，野生保护植物蓼科的金荞麦和栽培种睡莲科的莲，均属国家Ⅱ级保护植物。

湿地植被总面积约4.6公顷，野外调查显示植物群落类型有24个群系，均为草丛群系。

湿地共有鸟类10目32科58属75种；雀形目种类最多，包含共22科，53种。所有科中，鹡鸰科的种类最多，共7种，其次为鹭科，共6种。两栖共有1目3科6属6种，蛙科种类最多共4种。爬行类1目5科9属10种。兽类共有6目6科7属8种。鱼类3目4科10属10种，鲤形目鱼类为主，共2科8属8种。无脊椎动物3目3科3属4种。

国家重点保护野生动物5种。其中，国家Ⅱ级保护鸟类5种，分别为雀鹰、普通𫛭、红隼、领角鸮、斑头鸺鹠；有重庆市级重点保护动物7种，其中鸟类4种，两栖类3种。

于1999年建立区级自然保护区的保护，2002年9月升级为省级，主管部门是重庆市巴南区林业局；管理机构是安澜鹭类自然保护区管理处。

主要受到基建和城市化、外来物种入侵威胁。

18. 重庆三多桥鹭类(市级)自然保护区重点调查湿地

重庆三多桥鹭类自然保护区重点调查湿地范围面积150公顷，湿地总面积8.34公顷，湿地斑块数量为1块；湿地类为人工湿地；湿地型为库塘。地理坐标为东经106°14′15″~106°22′15″，北纬29°30′14″~29°30′14″。位于重庆市九龙坡区白市驿镇西部三多桥村。

湿地植物94科193属389种，其中苔藓植物有12科14属15种，蕨类植物有14科16属20种，被子植物则有66科161属352种。河流湿地区域中保护植物有3种，其中野生保护植物蓼科的金荞麦和栽培种睡莲科的莲，均属国家Ⅱ级保护植物，而栽培种水杉属国家Ⅰ级保护植物。

湿地植被总面积约1.5公顷，野外调查显示植物群落类型有18个群系，均为草丛群系。

脊椎动物105种，包括鸟纲10目10科52属70种，主要分布在水域及两岸灌草丛；两栖纲1目3科5属6种；爬行纲1目3科6属6种；哺乳纲4目4科8属8种；鱼纲4目6科13属15种。无脊椎动物共有11种，隶属于5目10科11属。

国家重点保护野生动物3种。其中，国家Ⅱ级保护动物3种，均为鸟类，分别为黑鸢、红隼、斑头鸺鹠。重庆市市级保护物种有5种鸟类，分别为小䴙䴘、黑颈䴙䴘、普通鸬鹚、大麻鳽、灰胸竹鸡；2种两栖类，为沼水蛙、泽蛙；1种哺乳类，为黄鼬。

于1998年建立三多桥鹭类区级自然保护区，管理机构为九龙坡区白市驿三多桥白鹭旅游区管理委员会，由九龙坡区农林水利局主管。

主要受到基建和城市化以及污染威胁。

19. 重庆中山白鹭自然保护区重点调查湿地

重庆中山白鹭自然保护区重点调查湿地范围面积666.70公顷，湿地总面积26.18公顷，湿地斑块数量共1块；湿地类为河流湿地；湿地型为永久性河流。位于江津区中山镇塘湾。

湿地植物93科192属401种，其中苔藓植物有13科13属14种，蕨类植物有15科18属27种，被子植物则有65科161属360种。湿地区域中保护植物有2种，其中野生保护植物蓼科的金荞麦和栽培种睡莲科的莲，均属国家Ⅱ级保护植物。

湿地植被总面积约3.2公顷，野外调查显示植物群落类型有31个群系，草丛群系占绝对优势，有少数灌木丛群系分布。

脊椎动物鸟纲12目39科73属95种，两栖纲1目4科6属7种，爬行纲1目5科9属10种，哺乳纲4目7科9属11种，鱼纲5目8科17属19种；无脊椎动物2门3纲3目7科7属7种。

国家重点保护野生动物4种。其中，国家Ⅱ级保护动物4种，全为鸟类，分别为黑鸢、雀鹰、普通鵟、红隼。有重庆市级重点保护动物7种，包括鸟类5种，兽类2种。

于2001年经重庆市江津区人民政府批准设立区县级自然保护区，主管单位为江津区林业局；无专门管理机构。

主要受到污染威胁。

20. 重庆黄岭鹭类自然保护区重点调查湿地

重庆黄岭鹭类自然保护区重点调查湿地范围面积1500公顷，湿地面积33.14公顷，湿地斑块数量为2块；湿地类为河流湿地；主要湿地型为永久性河流，位于璧山县正兴镇黄岭村、湾塘村。

湿地植物84科182属366种，其中苔藓植物有12科14属15种，蕨类植物有13科14属20种，被子植物则有59科154属331种。该湿地中野生保护植物主要有蓼科的金荞麦、睡莲科的莲和泽泻科的浮叶慈姑等3种，仅莲为栽培植物，保护级别均属国家Ⅱ级保护植物。

湿地植被总面积约6.6公顷，野外调查显示植物群落类型有29个群系，绝大多数均为草丛群系，极少部分的灌木群系。

湿地共有鸟类7目23科30属37种；雀形目种类最多，包含共17科，28种。两栖共有1目

3 科 6 属 7 种；爬行类 1 目 3 科 7 属 7 种；兽类共有 4 目 4 科 5 属 6 种；鱼类 3 目 4 科 6 属 6 种。无脊椎动物 3 目 3 科 3 属 4 种。

重庆市级重点保护动物 5 种，其中鸟类 2 种，两栖类 3 种。

于 2000 年建立璧山县黄岭鹭类自然保护区，级别为县级，主管部门为璧山县林业局，管理机构为璧山县黄岭鹭类自然保护区管理处。

主要受到泥沙淤积和外来物种入侵。

21. 重庆云雾山国家湿地公园重点调查湿地

重庆云雾山国家湿地公园重点调查湿地公园规划总面积 402 公顷，其中湿地面积 23.02 公顷。湿地类人工湿地；湿地型为库塘。地理坐标为东经 106°12′50″～106°13′35″，北纬 29°47′12″～29°46′14″；位于重庆市璧山县大路镇、七塘镇凤湖仙山区域。

湿地植物 88 科 243 属 391 种，其中苔藓植物有 13 科 15 属 16 种，蕨类植物有 13 科 16 属 23 种，被子植物则有 62 科 212 属 352 种。该湿地公园中保护植物主要有蓼科的金荞麦、睡莲科的莲和泽泻科的浮叶慈姑等 3 种，均属国家Ⅱ级保护植物。

湿地植被总面积约 1.2 公顷，野外调查显示植物群落类型有 25 个群系，均为草丛群系。

湿地共有鸟类 14 目 38 科 65 属 90 种；两栖共有 1 目 4 科 7 属 7 种；爬行类 2 目 5 科 9 属 9 种；兽类共有 4 目 5 科 9 属 11 种；鱼类 2 目 3 科 12 属 16 种。无脊椎动物 3 目 6 科 6 属 7 种。

国家重点保护野生动物 2 种。其中，国家Ⅱ级保护鸟类 2 种，分别为红隼、斑头鸺鹠；有重庆市级重点保护动物 8 种，其中鸟类 5 种，两栖类 3 种。

于 2009 年建立重庆云雾山国家湿地公园，级别为国家级，由璧山县人民政府主管，由重庆云雾山国家湿地公园管理处经营管理。

主要受到泥沙淤积和外来物种入侵威胁。

22. 重庆皇华岛国家湿地公园重点调查湿地

皇华岛国家湿地公园重点调查湿地规划总面积 1400 公顷，湿地面积 849.17 公顷。湿地类属于人工湿地，湿地型为库塘。地理位置包括皇华岛(东经 108°05′27″，北纬 30°20′04″)、甘井河(东经 108°02′31″，北纬 30°19′01″)、东溪河(东经 108°03′31″，北纬 30°16′54″)三大部分。位于重庆市忠县东部。

湿地植物 80 科 179 属 363 种，其中苔藓植物有 13 科 15 属 16 种，蕨类植物有 10 科 13 属 20 种，被子植物则有 57 科 151 属 327 种。国家重点保护植物有 2 种，一种是野生保护植物蓼科的金荞麦，一种是栽培种睡莲科的莲，均属国家Ⅱ级保护植物。

湿地植被总面积约 0.8 公顷，野外调查显示植物群落类型有 24 个群系，均为草丛群系。

脊椎动物 209 种，包括鸟纲 14 目 37 科 72 属 90 种，两栖纲 1 目 3 科 5 属 5 种，爬行纲 1 目 3 科 6 属 6 种，哺乳纲 1 目 4 科 7 属 8 种，鱼纲 8 目 19 科 63 属 100 种；无脊椎动物 2 门 3 纲 5 目 12 科 15 属 18 种。

国家重点保护野生动物 3 种。其中，国家Ⅰ级保护动物 3 种，即白鲟、中华鲟、达氏鲟。国家Ⅱ级保护动物 8 种，包括鸟类 6 种分别为黑鸢、松雀鹰、雀鹰、普通鵟、红隼、红腹角雉；鱼类有1种，即胭脂鱼。有重庆市级重点保护动物15种，包括鸟类9种，鱼类6种。

于2010年建立重庆皇华岛国家湿地公园，级别为国家级，主管部门为忠县林业局，管理机构为忠县湿地保护管理站。

主要受到污染威胁。

23. 重庆龙水湖湿地公园重点调查湿地

重庆大足龙水湖湿地公园重点调查湿地规划总面积767.88公顷，其中湿地面积291.96公顷。湿地类人工湿地；湿地型为库塘。地理坐标为东经105°46′47″～105°49′16″，北纬29°02′58″～29°31′15″，位于大足县与双桥区交界处，依傍于玉龙山麓下。

湿地植物91科349属386种，其中苔藓植物有14科15属16种，蕨类植物有15科21属19种，被子植物则有61科311属339种。国家重点保护植物有3种，其中野生保护植物蓼科的金荞麦与栽培种睡莲科的莲，均属国家Ⅱ级保护植物，而栽培种水杉属国家Ⅰ级保护植物。

湿地植被总面积约1.4公顷，野外调查显示植物群落类型有14个群系，均为草丛群系。

脊椎动物共154种，包括鸟纲14目38科70属93种，两栖纲1目3科5属6种，爬行纲2目4科8属10种，哺乳纲3目7科11属11种，鱼纲5目11科30属34种；无脊椎动物2门3纲5目10科11属13种。

国家重点保护野生动物5种。其中，国家Ⅱ级保护动物5种，全为鸟类分别为黑鸢、普通鵟、红隼、领鸺鹠、斑头鸺鹠。有重庆市级重点保护动物8种，包括鸟类5种，兽类3种。

于2007年建立重庆龙水湖市级湿地公园。由大足县林业局主管，由龙水湖湿地公园管理局经营管理。

主要受到基建和城市化、外来物种入侵威胁。

24. 重庆迎凤湖国家湿地公园重点调查湿地

重庆迎凤湖国家湿地公园重点调查湿地规划总面积254.80公顷，其中湿地面积50.09公顷。湿地类为人工湿地；湿地型为库塘。中心地理坐标为东经107°38′，北纬30°28′；位于垫江县普顺镇东部，背倚金华山。

湿地植物91科241属384种，其中苔藓植物有9科10属10种，蕨类植物有14科17属24种，被子植物则有67科212属348种。湖泊湿地区域中保护植物有3种，其中野生保护植物蓼科的金荞麦和栽培种睡莲科的莲，均属国家Ⅱ级保护植物，而栽培种水杉属国家Ⅰ级保护植物。

湿地植被总面积约0.9公顷，野外调查显示植物群落类型有18个群系。

脊椎动物82种。包括鸟纲11目28科43属53种；两栖纲1目3科5属5种；爬行纲1目1科5属5种；哺乳纲3目4科6属6种；鱼纲5目6科13属13种。无脊椎动物共有10种，隶属于4目9科10属。

国家重点保护野生动物4种。其中，国家Ⅱ级保护动物4种，包括2种鸟类，分别是黑鸢、红隼；兽类2种，分别是青鼬和水獭。有重庆市级重点保护动物11种，包括鸟类6种，兽类2种，两栖类3种。

于2008年建立重庆迎凤湖国家级湿地公园，级别为国家级，湿地主管部门垫江县林业局，管理机构垫江县迎凤湖湿地公园管委会。

主要受到污染威胁。

25. 重庆西水河国家湿地公园重点调查湿地

重庆西水河国家湿地公园重点调查湿地规划总面积2890.90公顷，其中湿地面积323.2公顷。湿地类为河流湿地；湿地型为永久性河流，位于重庆市酉阳土家族苗族自治县东南角，在后溪镇和酉酬镇行政区域内。

湿地植物96科362属424种，其中苔藓植物有13科15属16种，蕨类植物有16科21属31种，被子植物则有66科325属376种。该湿地中保护植物有2种，其中野生保护植物仅蓼科的金荞麦1种，属国家Ⅱ级保护植物，栽培种水杉属国家Ⅰ级保护植物。

湿地植被总面积约23.7公顷，野外调查显示植物群落类型有22个群系，多为草丛群系。

脊椎动物共279种，包括鸟纲14目42科91属126种，两栖纲2目8科14属18种，爬行纲2目6科10属13种，哺乳纲6目9科19属20种，鱼纲7目16科71属102种；无脊椎动物2门3纲5目12科12属15种。

国家重点保护野生动物12种。其中，国家Ⅱ级保护动物12种，包括鸟类9种分别为黑鸢、松雀鹰、雀鹰、普通鵟、红隼、鸳鸯、红腹角雉、红腹锦鸡、斑头鸺鹠；兽类3种，即水獭、小灵猫、青鼬。有重庆市级重点保护动物14种，包括鸟类9种，爬行类1种，兽类3种，鱼类1种。

于2009年建立西水河国家湿地公园，级别为国家级，由酉阳县林业局主管，由西水河国家湿地公园管理局经营管理。

主要受到基建和城市化威胁。

26. 重庆阿蓬江国家湿地公园重点调查湿地

重庆阿蓬江国家湿地公园重点调查湿地规划总面积2785.20公顷，其中湿地面积1364.45公顷。湿地类包括河流湿地，人工湿地；主要湿地型包括永久性河流，洪泛平原湿地，库塘。中心地理坐标为东经108°46′03″，北纬29°18′16″。位于舟白街道与湖北省咸丰县交界处，南至酉阳县大河口电站。

湿地植物100科372属435种，其中苔藓植物有14科15属15种，蕨类植物有15科19属28种，被子植物则有70科336属390种。区域中保护植物相对较少，调查中仅发现有2种，其中野生保护植物蓼科的金荞麦1种，属国家Ⅱ级保护植物，栽培种水杉属国家Ⅰ级保护植物。

该湿地植被总面积约19.4公顷，野外调查显示植物群落类型有45个群系，多为草丛群系，另有部分乔木群系。

脊椎动物200种，包括鸟纲15目41科80属105种，两栖纲2目5科8属11种，爬行纲1目5科11属13种，哺乳纲4目9科13属13种，鱼纲5目11科49属58种；无脊椎动物共11种，隶属于2门3纲4目10科10属。

国家重点保护野生动物8种。其中，国家Ⅱ级保护动物8种，包括鸟类6种分别为黑鸢、红隼、松雀鹰、普通鵟、斑头鸺鹠、鸳鸯；两栖类1种，即大鲵；兽类1种分别为黄鼬。有重庆市级重点保护动物15种，包括鸟类8种，爬行类1种，兽类2种，鱼类4种。

于2009年12月建立重庆阿蓬江国家湿地公园，级别为国家级，主要管理部门为重庆市黔江区林业局，经营管理机构为重庆市黔江区湿地保护管护站。

主要受到泥沙淤积、污染、外来物种入侵空心莲子草威胁。

27. 重庆濑溪河国家湿地公园重点调查湿地

重庆濑溪河国家湿地公园重点调查湿地规划总面积2492.00公顷，其中湿地面积362.14公顷。湿地类包括河流湿地，人工湿地；主要湿地型包括永久性河流地，库塘。地理坐标为东经105°35′55″～105°39′26″，北纬29°27′33″～29°30′05″。位于重庆市荣昌县的中东部濑溪河的中上游。

湿地植物101科366属438种，其中苔藓植物有16科20属22种，蕨类植物有16科21属32种，被子植物则有68科324属383种。该湿地中野生保护植物有3种，其中野生保护植物蓼科的金荞麦1种，属国家Ⅱ级保护植物，栽培种分别是杉科的水杉和睡莲科的莲，分属国家Ⅰ级、Ⅱ级保护植物。

湿地植被总面积约16.4公顷，野外调查显示植物群落类型有34个群系，绝大多数为草丛群系，少部分为灌木群系。

脊椎动物共167种，包括鸟纲13目37科70属87种，两栖纲1目3科5属6种，爬行纲2目5科9属9种，哺乳纲4目6科10属12种，鱼纲6目12科36属43种；无脊椎动物2门3纲4目9科9属12种。

国家重点保护野生动物5种。其中，国家Ⅱ级保护动物5种，全为鸟类，分别为黑鸢、普通鵟、红隼、领鸺鹠、斑头鸺鹠。有重庆市级重点保护动物4种，包括鸟类3种，兽类1种。

于2009年建立濑溪河国家湿地公园，级别为国家级，主管部门荣昌县林业局，经营管理机构为荣昌县黄金坡管委会。

无湿地威胁因子。

28. 重庆小安溪湿地公园重点调查湿地

重庆小安溪湿地公园重点调查湿地规划面积2143.00公顷，湿地总面积269.32公顷，湿地类河流湿地；主要湿地型为永久性河流。中心地理坐标为东经106°09′，北纬30°00′。位于重庆市合川区西南部，南办处梳铺村—铜溪镇纱帽村小安溪流域沿线。

湿地植物86科239属375种，其中苔藓植物有13科15属15种，蕨类植物有13科16属23种，被子植物则有59科207属336种。该湿地区域中保护植物有2种，其中野生保护植物蓼科的金荞麦1种，属国家Ⅱ级保护植物，栽培种水杉属国家Ⅰ级保护植物。

湿地植被总面积约2.1公顷，野外调查显示植物群落类型有19个群系，草丛群系占绝对优势，少部分灌木群系及乔木群系。

湿地共有鸟类12目36科63属82种；两栖共有1目4科7属9种；爬行类1目5科10属11种；兽类共有4目5科7属11种；鱼类5目9科36属47种。无脊椎动物4目8科9属10种。

国家重点保护野生动物1种。其中，国家Ⅱ级保护鸟类1种，为斑头鸺鹠；有重庆市级重点保护动物10种，其中鸟类5种，两栖类3种，兽类1种，鱼类1种。

于2009年经重庆市林业局批准成立省级湿地公园，主管部门为合川区林业局，管理机构为重庆小安溪湿地公园管理处。

主要受到污染、农业面源污染和周边居民生活污水排放威胁。

29. 重庆青山湖湿地公园重点调查湿地

重庆青山湖湿地公园重点调查湿地规划面积2807公顷，湿地总面积94.77公顷。湿地类包括人工湿地；主要湿地型为库塘。位于万盛区金桥镇青山村、马头桥村、新木村、万东镇五和村等4个村。

湿地植物81科307属362种，其中苔藓植物有12科3属16种，蕨类植物有11科14属18种，被子植物则有58科290属328种。该区域中野生保护植物有蓼科的金荞麦、菱科的野菱和泽泻科的浮叶慈姑等3种，栽培植物则有睡莲科的莲等，均属国家Ⅱ级保护植物。

湿地植被总面积约1.3公顷，野外调查显示植物群落类型有27个群系，均为草丛群系。

湿地共有鸟类8目25科39属46种；雀形目种类最多，包含共18科，37种。两栖共有1目3科5属6种，蛙科种类最多共3种。爬行类1目3科7属7种，游蛇科种类最多共5种。兽类共有6目6科7属8种，啮齿目种类最多共3种。鱼类3目4科10属12种，鲤形目鱼类为主，共2科7属9种。无脊椎动物3目5科5属5种。

重庆市级重点保护动物6种，其中鸟类3种，两栖类3种。

于2009年12月18日建立重庆青山湖湿地公园，级别为国家级，由万盛区林业局主管。

主要受到污染和外来物种入侵威胁。

30. 重庆彩云湖国家湿地公园重点调查湿地

重庆彩云湖国家湿地公园重点调查湿地调查范围面积52.06公顷，湿地总面积约16.81公顷，湿地斑块数量共1块；湿地类为人工湿地；主要湿地型为库塘。中心地理坐标为东经106°28′49″，北纬29°30′45″。位于重庆市九龙坡区与高新区交界处。

湿地植物94科247属417种，其中苔藓植物有12科14属15种，蕨类植物有13科16属24种，被子植物则有68科215属376种。湖泊湿地区域中保护植物有3种，其中野生保护植物蓼科的金荞麦和栽培种睡莲科的莲，均属国家Ⅱ级保护植物，而栽培种水杉属国家Ⅰ级保护植物。

湿地植被总面积约2.2公顷，野外调查显示植物群落类型有23个群系，以草丛群系为主，少数乔木群系。

脊椎动物53种。包括鸟纲6目21科27属34种；两栖纲1目2科4属4种；爬行纲1目1科2属2种；哺乳纲4目4科5属5种；鱼纲1目2科8属8种；无脊椎动物共有1种，隶属于1纲1目1科1属。

重庆市级重点保护动物4种，包括鸟类1种，为小䴙䴘；两栖类2种，为沼水蛙、泽蛙；兽类1种，为黄鼬。

于2009年3月建立重庆彩云湖国家湿地公园，级别为国家级，业务主管部门为九龙坡区农林水利局，管理机构为桃花溪公司。

主要受到基建和城市化以及污染威胁。

参考文献

[1]曹文宣．我国的淡水鱼类资源[M]．北京：科学出版社，1992.

[2]长江水系渔业资源调查协作组．长江水系渔业资源[M]．北京：海洋出版社，1990.

[3]陈服官，罗时有，郑光美，等．中国动物志·鸟纲[M]．北京：科学出版社，1998.

[4]陈宜瑜．中国湿地研究[M]．长春：吉林科学技术出版社，1995.

[5]窦寅，周婷，黄成．我国龟科淡水栖龟类主要外来物种调查及入侵风险预测[J]．安徽农业科学，2010，39(2)：763～765.

[6]何太蓉．重庆湿地资源利用中存在的问题及对策[J]．重庆师范学院学报(自然科学版)，2002，19(2).

[7]黄宏金等．中国淡水鱼类原色图鉴(1)[M]．上海：上海科学技术出版社，1982.

[8]李伟，魏巍．巴渝文化与重庆文化生态圈建设[J]．文艺争鸣，2008，(7).

[9]李锡文．中国种子植物区系统计分析[J]．云南植物研究，1996，18(04)：1～3.

[10]刘光德，赵中金，李其林，等．三峡库区农业面源污染现状及其防治对策[J]．中国生态农业学报，2004，12，(2).

[11]罗韧等．重庆市都市区湿地保护行动计划[J]．2010.

[12]罗韧，娄丽华，王正春，等．重庆湿地资源调查初报[J]．重庆林业科技，2008(3).

[13]马克，巴特，雷刚，等．长江中下游水鸟调查报告[M]．北京：中国林业出版社，2006.

[14]孟庆闻，苏锦祥，缪学祖．鱼类分类学[M]．北京：中国农业出版社，1995.

[15]农业部水产司等．中国淡水鱼类原色图集(3)[M]．上海：上海科学技术出版社，1993.

[16]彭昱．重庆市水环境污染问题及其防治对策[J]．重庆环境科学，2002，(2).

[17]任瑞丽，刘茂松，章杰明，等．过水性湖泊自净能力的动态变化[J]．生态学杂志，2007，26(8)：1222～1227.

[18]水利部，国家环境保护局，长江流域水资源保护局．长江三峡工程生态与环境问答[M]．北京：科学出版社，1997.

[19]王立龙，陆林．湿地生态旅游研究进展[J]．应用生态学报，2009，20(6)：1517～1524.

[20]吴兆红，秦仁昌．中国蕨类植物科属志[M]．北京：科学出版社，1991.

[21]吴征镒．中国种子植物属分布区类型[J]．云南植物研究，1991，1～139.

[22]伍献文．中国经济动物志(淡水鱼类)(第二版)[M]．北京：科学出版社，1979.

[23]熊笃．论巴渝文化十大系列[J]．重庆大学学报(社会科学版)，2001，7(4)：38～45.

[24]袁传宓等．关于我国鲚属鱼类的历史和现状[J]．南京大学学报，1976，(2)：1～12.

[25]张词祖，庞秉璋．中国的鸟[M]．北京：中国林业出版社，1997.

[26]张荣祖．中国动物地理区划[M]．北京：科学出版社，1999.

[27]郑光美．中国鸟类分类与分布名录[M]．北京：科学出版社，2005.

[28]郑万钧．中国植物志(第七卷)[M]．北京：科学出版社，1978.

[29]郑小康，李春晖，黄国和，等．流域城市化对湿地生态系统的影响研究进展[J]．湿地科学，2008，6(1)：87～96.

[30]郑作新．中国鸟类系统检索(第三版)[M]．北京：科学出版社，2002.

[31]中国科学院水生生物研究所等. 中国淡水鱼类原色图集(1)[M]. 上海：上海科学技术出版社，1982.
[32]中国野生动物保护协会. 中国鸟类图鉴[M]. 郑州：河南科学技术出版社，1995.
[33]重庆市统计局，国家统计局重庆调查总队.2009 重庆市国民经济和社会发展统计公报[N]. 重庆日报，2010－4－2(A11).
[34]重庆市统计局. 重庆统计年鉴[M]. 北京：中国统计出版社，2009～2010.
[35]周婷，黄成. 我国养龟业现状及特点[J]. 经济动物学报，2007，11(4)：238～242.
[36]周婷，王伟. 中国龟鳖养殖原色图谱[M]. 北京：中国农业出版社，2009，(1).
[37]周婷，赵尔宓. 龟鳖分类图鉴[M]. 北京：中国农业出版社，2004.
[38]朱松泉，魏绍芬，王开洋. 鱼类和渔业[M]. 合肥：中国科学技术大学出版社，1993.
[39]朱松泉. 中国淡水鱼类检索[M]. 南京：江苏科学技术出版社，1995.
[40]朱曦，邹小平. 中国鹭类[M]. 北京：中国林业出版社，2001.
[41]朱元鼎. 中国软骨鱼类志[M]. 北京：科学出版社，1960.
[42]JohnMackinon，Karen Phillipps，何芬奇. 中国鸟类野外手册[M]. 长沙：湖南教育出版社，2000.

附　件

重庆湿地资源调查主要参与单位及人员

重庆市湿地保护管理中心：何义成
重庆市林业规划设计院：陈绪明　高洪　冉城　滕秀荣　周洪　邓渊舰　余兴福　邓友国
中南林业规划设计院：郭克疾
西南大学：齐代华　刘玉成　何学福
渝北区林业局：陈帮平　刘兴成
南岸区农林水利局：陈靖　康勇
巫溪县林业局：陈小平　唐诸军
武隆县林业局：陈毅　杨军
綦江区林业局：刁永华　魏程光
九龙区农林水利局：范君　陈茜
江津区林业局：付茂胜　刘文生
城口县林业局：龚子忠　李孝平　王兴彬
荣昌区林业局：郭汝谙　罗淋
璧山区林业局：何开成　陈云军
巫山县林业局：侯昆仑　冯建新
万盛经济开发区林业局：黄鼎才　罗万里
巴南区林业局：李光鸿　李武义
万州区林业局：李君成　幸蓂勇
云阳县林业局：李强军　鲜继兴
涪陵区林业局：李贤波　周军
合川区林业局：刘礼明　宋远银
梁平县林业局：刘晓峰
长寿区林业局：潘仲全　王巨林
秀山县林业局：涂智民　杨再洲
北碚区林业局：王希全　郭守建
大渡口区农林水利局：吴玉久
开县林业局：谢增辉　杨泉
彭水县林业局：姚旬　于绍勤
江北区农林水利局：余大明
永川区林业局：袁凯歌　陈霞

潼南区林业局：张诚 周波
沙坪坝区农林水利局：张震
铜梁区林业局：邓兴华 江世明
忠县林业局：马建培 谭永红
丰都县林业局：谭文伟 朱春华
垫江县林业局：王隆芳 汪丽琼
石柱县林业局：彭坤祥 谭华春
大足区林业局：陈秀娟
酉阳县林业局：黄林忠 李思源
南川区林业局：唐炜 吴秋浔
黔江区林业局：杨昌伦 满怡菊

后　记

湿地资源调查是湿地保护管理的一项重要基础性工作，也是掌握湿地资源现状和动态变化趋势的重要途径。全面查清我市湿地资源数量、分布、特性、开发利用现状及受威胁状况，为科学编制湿地保护利用规划和开展湿地科学研究提供基础数据和可靠信息，为编制湿地资源保护利用政策和制度提供决策依据，为湿地保护和相关产业发展提供指导，对建立湿地资源信息系统、监测体系、评价体系，加强湿地资源保护，促进湿地生态系统生态平衡，巩固湿地资源保护与恢复成果，推进生态文明建设都具有十分重要的意义。

重庆湿地资源调查于2010年4月启动，10月底完成了外业调查。2011年1月通过由中科院东北地理与农业生态研究所组成的专家组的检查验收。2011年3月重庆市林业局组织专家对调查成果进行了评审。2011年12月国家林业局第二次全国湿地资源调查领导小组组织专家对调查成果进行了技术鉴定。2011～2013年完成了重庆湿地资源补充调查，形成了重庆市第二次湿地资源调查报告、湿地资源调查统计表、湿地资源分布图等成果资料。2014～2015年在重庆湿地资源调查报告基础上修改完善，编制了《中国湿地资源·重庆卷》。

《中国湿地资源·重庆卷》共6章。通过对重庆市湿地类型、湿地生物资源、湿地资源利用、湿地资源评价、湿地保护与管理分析与研究，基本摸清了全市湿地资源的分布、类型、数量、主要生态特征，全市湿地动植物资源种群分布情况，湿地自然保护区、湿地公园保护与利用状况；为科学制定重庆市湿地保护利用规划和开展湿地科学研究提供了基础数据；为制订湿地资源保护利用政策、建立完善相关制度收集了可靠信息；为重庆市湿地保护与相关产业发展奠定了坚实的基础；为建立湿地资源信息系统、监测体系、评价体系创造了有利条件。

同时重庆湿地资源调查采用了新技术、新方法，培养了一大批湿地资源保护管理人员与专业技术人才，锻炼了队伍，夯实了重庆市湿地资源保护基础工作，进一步提升了重庆湿地保护与管理的能力，同时也广泛宣传了重庆市湿地保护工作的重要性，普及了湿地知识。

重庆市林业局局长吴亚同志高度重视《中国湿地资源·重庆卷》编撰工作，对编撰工作进行了全程指导。本书由重庆市林业局副局长张洪同志主持编撰，由市湿地保护管理中心何义成、李清艳、李升莲等同志进行了初稿编撰和后期校稿工作。市湿地保护管理中心夏一平、姜明同志，重庆自然博物馆胥执清研究员对本书的编撰内容进行了修正统稿。同时，编撰过程得到了国家林业局湿地保护管理中心、国家林业局调查规划设计院、国家林业局中南林业调查规划设计院的大力支持。项目调查由国家林业局中南林业调查规划设计院负责遥感卫片数据处理、湿地调查斑块区划、湿地调查技术指导工作，重庆市林业规划设计院、西南大学生命科学学院承担重点调查湿地调查任务，各区县林业工作人员完成一般调查湿地调查任务。在此，谨对参与调查的单位和人员一并表示衷心的感谢。由于各种原因，本书难免有错漏不详之处，欢迎专家学者和业内人士批评指正。

《中国湿地资源·重庆卷》编写组

2015 年 12 月